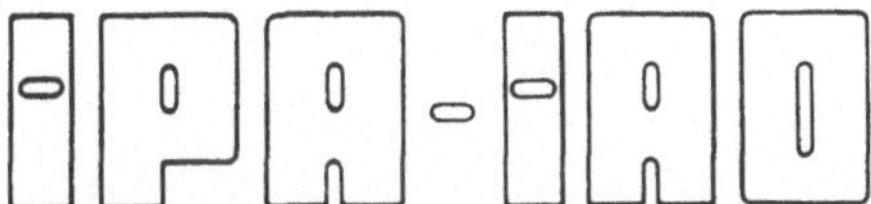

Forschung und Praxis

Band 128

Berichte aus dem
Fraunhofer-Institut für Produktionstechnik und Automatisierung (IPA), Stuttgart,
Fraunhofer-Institut für Arbeitswirtschaft und Organisation (IAO), Stuttgart, und
Institut für Industrielle Fertigung und Fabrikbetrieb der Universität Stuttgart

Herausgeber: H. J. Warnecke und H.-J. Bullinger

Klaus Lay

Die Arbeitsraumgestaltung manueller Montagearbeitsplätze mit graphischen und wissensbasierten Methoden

Mit 50 Abbildungen und 7 Tabellen

Springer-Verlag
Berlin Heidelberg New York
London Paris Tokyo 1988

Dipl.-Math. Klaus Lay
Fraunhofer-Institut für Arbeitswirtschaft und Organisation (IAO), Stuttgart

Dr.-Ing. H. J. Warnecke
o. Professor an der Universität Stuttgart
Fraunhofer-Institut für Produktionstechnik und Automatisierung (IPA), Stuttgart

Dr.-Ing. habil. H.-J. Bullinger
o. Professor an der Universität Stuttgart
Fraunhofer-Institut für Arbeitswirtschaft und Organisation (IAO), Stuttgart

D 93

ISBN-13: 978-3-540-50259-3 e-ISBN-13: 978-3-642-83599-5
DOI: 10.1007/978-3-642-83599-5

Softcover reprint of the hardcover 1st edition 1988

2362/3020—543210

Geleitwort der Herausgeber

Futuristische Bilder werden heute entworfen:

- o Roboter bauen Roboter,
- o Breitbandinformationssysteme transferieren riesige Datenmengen in Sekunden um die ganze Welt.

Von der "menschenleeren Fabrik" wird da gesprochen und vom "papierlosen Büro". Wörtlich genommen muß man beides als Utopie bezeichnen, aber der Entwicklungstrend geht sicher zur "automatischen Fertigung" und zum "rechnerunterstützten Büro". Forschung bedarf der Perspektive, Forschung benötigt aber auch die Rückkopplung zur Praxis - insbesondere im Bereich der Produktionstechnik und der Arbeitswissenschaft.

Für eine Industriegesellschaft hat die Produktionstechnik eine Schlüsselstellung. Mechanisierung und Automatisierung haben es uns in den letzten Jahren erlaubt, die Produktivität unserer Wirtschaft ständig zu verbessern. In der Vergangenheit stand dabei die Leistungssteigerung einzelner Maschinen und Verfahren im Vordergrund. Heute wissen wir, daß wir das Zusammenspiel der verschiedenen Unternehmensbereiche stärker beachten müssen. In der Fertigung selbst konzipieren wir flexible Fertigungssysteme, die viele verkettete Einzelmaschinen beinhalten. Dort, wo es Produkt und Produktionsprogramm zulassen, denken wir intensiv über die Verknüpfung von Konstruktion, Arbeitsvorbereitung, Fertigung und Qualitätskontrolle nach. Rechnerunterstützte Informationssysteme helfen dabei und sollen zum CIM (Computer Integrated Manufacturing) führen und CAD (Computer Aided Design) und CAM (Computer Aided Manufacturing) vereinen. Auch die Büroarbeit wird neu durchdacht und mit Hilfe vernetzter Computersysteme teilweise automatisiert und mit den anderen Unternehmensfunktionen verbunden. Information ist zu einem Produktionsfaktor geworden, und die Art und Weise, wie man damit umgeht, wird mit über den Unternehmenserfolg entscheiden.

Der Erfolg in unseren Unternehmen hängt auch in der Zukunft entscheidend von den dort arbeitenden Menschen ab. Rationalisierung und Automatisierung müssen deshalb im Zusammenhang mit Fragen der Arbeitsgestaltung betrieben werden, unter Berücksichtigung der Bedürfnisse der Mitarbeiter und unter Beachtung der erforderlichen Qualifikationen. Investitionen in Maschinen und Anlagen müssen deshalb in der Produktion wie im Büro durch Investitionen in die Qualifikation der Mitarbeiter begleitet werden. Bereits im Planungsstadium müssen Technik, Organisation und Soziales integrativ betrachtet und mit gleichrangigen Gestaltungszielen belegt werden.

Von wissenschaftlicher Seite muß dieses Bemühen durch die Entwicklung von Methoden und Vorgehensweisen zur systematischen Analyse und Verbesserung des Systems Produktionsbetrieb einschließlich der erforderlichen Dienstleistungsfunktionen unterstützt werden. Die Ingenieure sind hier gefordert, in enger Zusammenarbeit mit anderen Disziplinen, z. B. der Informatik, der Wirtschaftswissenschaften und der Arbeitswissenschaft, Lösungen zu erarbeiten, die den veränderten Randbedingungen Rechnung tragen.

Beispielhaft sei hier an den großen Bereich der Informationsverarbeitung im Betrieb erinnert, der von der Angebotserstellung über Konstruktion und Arbeitsvorbereitung, bis hin zur Fertigungssteuerung und Qualitätskontrolle reicht. Beim Materialfluß geht es um die richtige Auswahl und den Einsatz von Fördermitteln sowie Anordnung und Ausstattung von Lagern. Große Aufmerksamkeit wird in nächster Zukunft auch der weiteren Automatisierung der Handhabung von Werkstücken und Werkzeugen sowie der Montage von Produkten geschenkt werden.

Von der Forschung muß in diesem Zusammenhang ein Beitrag zum Einsatz fortschrittlicher intelligenter Computersysteme erfolgen. Planungsprozesse müssen durch Softwaresysteme unterstützt und Arbeitsbedingungen wissenschaftlich analysiert und neu gestaltet werden.

Die von den Herausgebern geleiteten Institute, das

- Institut für Industrielle Fertigung und Fabrikbetrieb der Universität Stuttgart (IFF),

- Fraunhofer-Institut für Produktionstechnik und Automatisierung (IPA),

- Fraunhofer-Institut für Arbeitswirtschaft und Organisation (IAO)

arbeiten in grundlegender und angewandter Forschung intensiv an den oben aufgezeigten Entwicklungen mit. Die Ausstattung der Labors und die Qualifikation der Mitarbeiter haben bereits in der Vergangenheit zu Forschungsergebnissen geführt, die für die Praxis von großem Wert waren. Zur Umsetzung gewonnener Erkenntnisse wird die Schriftenreihe "IPA-IAO - Forschung und Praxis" herausgegeben. Der vorliegende Band setzt diese Reihe fort. Eine Übersicht über bisher erschienene Titel wird am Schluß dieses Buches gegeben.

Dem Verfasser sei für die geleistete Arbeit gedankt, dem Springer-Verlag für die Aufnahme dieser Schriftenreihe in seine Angebotspalette und der Druckerei für saubere und zügige Ausführung. Möge das Buch von der Fachwelt gut aufgenommen werden.

H. J. Warnecke · H.-J. Bullinger

Vorwort

Die vorliegende Arbeit entstand während meiner Tätigkeit als wissenschaftlicher Mitarbeiter der Abteilung "Computergestützte Ingenieursysteme" am Fraunhofer-Institut für Arbeitswirtschaft und Organisation (IAO) in Stuttgart.

Herrn Prof. Dr.-Ing. habil H.-J. Bullinger, Inhaber des Lehrstuhls für Arbeitswissenschaft an der Universität Stuttgart und Direktor des Fraunhofer-Instituts für Arbeitswirtschaft und Organisation (IAO), danke ich für seine wohlwollende Unterstützung und Förderung dieser Arbeit.

Herrn Prof. Dr.-Ing. A. Storr, Leiter der Abteilung Prozeßrechentechnik am Institut für Steuerungstechnik der Werkzeugmaschinen und Fertigungseinrichtungen an der Universität Stuttgart, danke ich für die eingehende Durchsicht der Arbeit und die sich daraus ergebenden Hinweise.

Allen Mitarbeitern des Instituts, die mir durch kritische Anregungen und die stete Diskussionsbereitschaft bei der Erarbeitung dieser Dissertation sehr geholfen haben, danke ich ebenfalls. Dieser Dank gilt insbesondere den Herren Dipl.-Inform. A. Brunn, Dipl.-Ing. R. Menges, Dipl.-Inform. U. Rettich und Dr.-Ing. J. Warschat.

Meiner Frau Kornelia danke ich dafür, daß sie neben Ihren täglichen Belastungen am vorliegenden Text korrigierend und stilverbessernd mitgewirkt hat. Ihr Verständnis und ihre Unterstützung waren mir eine große Hilfe.

Stuttgart, Juni 1988 Klaus Lay

Inhalt

Seite

0 **Verzeichnis von Abkürzungen und verwendeten Größen** 4

0.1 Abkürzungen 4

0.2 Verwendete Größen 4

1 **Einleitung** 6

2 **Definitionen und Ziele für die Arbeitsraumgestaltung manueller Montagearbeitsplätze** 10

2.1 Beschreibung des Planungsgegenstands 11

2.2 Ziel der Arbeit 13

2.3 Stand der Forschung 16

2.3.1 Modelle zur Simulation ergonomischer Größen 16

2.3.2 Graphische Darstellung und Manipulation von Systemelementen 21

2.3.3 Modelle zur Erfassung und Auswahl von Montagesystemelementen 23

2.3.3.1 Klassische Ansätze 23

2.3.3.2 Auswahl von Arbeitsplatzelementen 25

2.3.4 Anordnung von Systemelementen 27

3 **Die Arbeitsraumgestaltung** 28

3.1 Die Verwaltung von Arbeits-und Greifraum 31

3.1.1 Definition des Arbeitsraumes 32

3.1.2 Das Modell des Arbeitsraumes und seine rechnerinterne Darstellung 33

3.1.3 Modell des menschlichen Greifraums 37

3.1.3.1 Modelldefinition für die Greifraumbestimmung 38

3.1.3.2 Percentilabhängige Berechnung des Greifraums 44

Seite

3.1.3.3 Berechnung des Greifraums als Raumnetz 45
3.1.4 Einbettung des Greifraummodells in das Arbeitsraummodell 46
3.1.4.1 Plazierung von Arbeitsplatzelementen im Arbeitsraum 47
3.1.4.2 Vereinfachte Plazierung von Objekten 49
3.1.5 Qualitatives 3D-Arbeitsraummodell 50
3.1.6 2D-Arbeitsraummodell 52
3.1.7 Qualitative Plazierung von Objekten 53
3.2 Anordnung von Teilebehältern 57
3.2.1 Bestimmung der Teilebehälter 57
3.2.2 Einbindung von Methoden der Künstlichen Intelligenz (KI) 60
3.2.3 Die Anordnungsprozedur 63
3.2.3.1 Restriktionen und Regeln 67
3.2.3.2 Implementierung in PROLOG 69

4 Die geometrische Darstellung der Arbeitsplatzelemente 74

4.1 Gestaltung der Benutzeroberfläche 74
4.2 Interaktive Graphikkomponente 76
4.2.1 Inertialsystem 77
4.2.2 Darstellung eines Körpers 77
4.2.2.1 Betrachtungsparameter 80
4.2.2.2 Augen-Koordinatensystem 81
4.2.2.3 Bildschirm-Koordinatensystem 82
4.2.3 Überprüfung der physikalischen Gesetzmäßigkeiten 84
4.2.4 Eliminierung verdeckter Kanten 86
4.3 Schnittstelle zum CAD-System 88

Seite

5 **Die rechnergestützte Auswahl von Montagearbeitsplatzelementen** 94

5.1 Definition der Montagesystemelemente 95
5.2 Aufbau des Systemelementekatalogs 96
5.3 Ein System zur rechnergestützten Lösung des Auswahlproblems 97
5.3.1 Aufbau der Strukturfunktionen 98
5.3.1.1 Strukturdefinitionen 98
5.3.1.2 Strukturmodifikation 102
5.3.2 Katalogfunktionen 104
5.3.2.1 Katalogerstellung (Objekterstellung) 104
5.3.2.2 Suchfunktionen 105

6 **Hard- und Softwarevoraussetzungen** 108

7 **Zusammenfassung und Ausblick** 110

8 **Literatur** 112

0 Verzeichnis von Abkürzungen und verwendeten Größen

0.1 Abkürzungen

CAD	Computer Aided Design (rechnerunterstütztes Konstruieren)
CIM	Computer Integrated Manufacturing
DB	Datenbank
DBMS	Datenbank Management System
HASY	Hand-Arm-System
KI	Künstliche Intelligenz
MTM	Methods-Time-Measurement
SHM	Semantic Hierarchy Model
VMS	Virtual Memory System (Standard-Betriebssystem von VAX-Rechnern)

0.2 Verwendete Größen

A	1/2(Höhe/Breite) des Projektionsschirms
A_i, B_i, C_i, D_i	Knotenbezeichnungen bei der Strukturdefinition
α	Variationswinkel der Armstellung (x-y-Ebene)
β_i	Drehwinkel um die i-Achse des Zielsystems (Rotation mit i=x,y,z)
D	Abstand des Betrachters vom Projektionsschirm
d	Abstand der Schultergelenke von der Tischvorderkante
GK_n	Teilebehälter-Größenklasse n
H	Höhe der Arbeitsfläche
H_{max}	maximale Höhe für Stellteile
i_T	Koordinaten des Körperursprungs im Zielsystem (Translation mit i=x,y,z)
k	Kantenlänge eines Rasterelements
n_{gs}	Gesamtzahl der Rasterelemente im Arbeitsraum
$n_{i\,max}$	Zahl der Rasterelemente in i-Richtung (i=x,y,z)
P	Percentil

P_i $i=1...n$	Polygonzug der Länge n
P_M	Mittelpunkt eines Rasterelements
P_R	Punkt im realen Arbeitsraum
P_{MR}	relative Rasterposition im Arbeitsraum
RP	Raumpunkt
R_p	percentilabhängiger Radius (Armlänge)
RT	Rücktransformation
s	Kantenlänge eines Rasterelements
S_i	Streckungsfaktor in i-Richtung des Zielsystems (Streckung mit i=x,y,z)
T	Transformation
τ	Variationswinkel der Armstellung (z-y-Ebene)
V	Transformationsmatrix
V_i $i=1...8$	Eckpunkte eines Würfels (V=Vertex)
x,y,z	Bezeichnung der Koordinatenachsen im 3D-System
x_e, y_e, z_e	Koordinaten im Augen-Koordinatensystem
x_M, y_M, z_M	Koordinaten des Rasterelement-Mittelpunkts
$x_{MAX}, y_{MAX}, z_{MAX}$	Maxima der Koordinatenwerte eines umschließenden Quaders
x_s, y_s, z_s	Koordinaten im Bildschirm-Koordinatensystem
x_{vc}, y_{vc}	Viewport center x bzw. Viewport center y
x_{vs}, y_{vs}	Viewportsize x bzw. Viewportsize y
x_w, y_w, z_w	Koordinaten im Inertialsystem
x_R, y_R, z_R	Koordinaten im realen Arbeitsraum

1 Einleitung

Technische Entwicklungen und gesellschaftlicher Wandel erfordern neue Formen der Arbeitsstrukturierung und der Arbeitsplatzgestaltung. Mehr denn je wird heute von der Notwendigkeit der schnelleren Anpassung der Arbeitsformen an häufig wechselnde Verhältnisse gesprochen.

Den Möglichkeiten der Rationalisierung in der Teilefertigung durch Automatisierung und Rechnereinsatz wurde in den vergangenen Jahren durch den verstärkten finanziellen und personellen Einsatz in Forschung und Entwicklung Rechnung getragen. Neben diesen Anstrengungen in der Teilefertigung werden zunehmend auch die Montage und die dort vorhandenen Rationalisierungsreserven betrachtet. Daß in Zukunft die Montage verstärkt Gegenstand der Rationalisierungsmaßnahmen sein wird, macht der zunehmende Investitionsanteil für die Montage deutlich. Wurde 1977 erst ein Drittel der Gesamtinvestitionen in der Montage für Automatisierungsmaßnahmen bereitgestellt, so wird es 1987 bereits die Hälfte sein /2/.

Trotz dieser Automatisierungsanstrengungen in der Montage machen die manuellen Montagearbeitsplätze nach wie vor das Gros aller Montageplätze aus, da aufgrund sehr variantenreicher Werkstückspektren, geringer Losgrößen und den oft komplizierten feinmotorischen Montagetätigkeiten derzeit viele Montagevorgänge nicht wirtschaftlich (und in vielen Fällen auch technisch nicht) automatisiert werden können. So wurde z. B. festgestellt, daß Ende 1983 in der Bundesrepublik Deutschland im Schnitt lediglich 4% der Teile automatisch montiert wurden und aus technischer Sicht 37% automatisch zu montieren wären (/2/).

Die Planung und Gestaltung von Montagesystemen gewinnt vor dem Hintergrund der Entwicklung flexibler, anpaßbarer Montagesysteme und der Ausschöpfung von Rationalisierungsreserven zunehmend an Bedeutung. Die Nachfrage nach rechnergestützten Planungsmitteln, die einen rationellen Planungsablauf und eine schnelle Gestaltung der jeweiligen Problemlösung ermöglichen, nimmt immer mehr zu.

Die Ursache hierfür sind Vermeidung von Planungsfehlern, die häufig Nacharbeiten erfordern, Mangel an verfügbarer Planungskapazität und mit den Planungsabläufen verbundene hohe Kosten.

Zur Gesamtplanung von Montagesystemen wurden in den letzen Jahren verschiedene Modelle und Vorgehensweisen entwickelt. Erwähnenswert sind dabei die 6-Stufen-Methode von REFA /53/, die Planungssystematik von Metzger /46/, die Planungssystematik für Kleinserienprodukte von Miese /47/, die Planungsleitlinien von Grob und Haffner /29/, die Feinplanung durch die Kombination von Elementen nach Konold und Weller /35/ sowie die systematische Montageplanung nach Bullinger /12/. Alle Autoren empfehlen eine Vorgehensweise mit verschiedenen Planungsschritten, die sequentiell und manuell oder zum Teil EDV-gestützt zu bearbeiten sind. Dabei werden den unterschiedlich differenzierten Planungsschritten Methoden und Hilfsmittel zugeordnet.

Für die Planung von automatisierten Montagesystemen wurde bereits eine Reihe von Methoden und Hilfsmitteln entwickelt. Bei den Verfahren zur Strukturplanung automatischer Montagesysteme wird ausgehend von der Montagereihenfolge die Funktionsstruktur abgeleitet. Mit Lösungskatalogen für die Funktionsträger wird daraus der Strukturplan des Montagesystems aufgestellt. Das gewünschte Montagesystem entsteht durch Vergleich und Kombination der Funktionsträger untereinander. In /74/ wird ein EDV-Programm zur Ermittlung optimaler Strukturen automatischer Montagesysteme beschrieben. Grundlagen bilden dabei Modelle für programmierbare Montagesysteme und einzelne Montagemaschinen. Als Variable werden allerdings lediglich Kosten- und Zeitparameter sowie die Zahl der Handhabungsgeräte berücksichtigt. In /70/ wird ein Programm zur Störpufferoptimierung von starr verketteten Fertigungslinien beschrieben. Weitere Untersuchungen lassen ansatzweise für ausgewählte Produktspektren eine grobe Abschätzung der Kosten für Teilsysteme oder Gesamtsysteme automatisierter Montageanlagen zu (/63/, /48/, /7/). In /68/ wird eine rechnergestützte Planungsmethode für die Einsatzplanung von Industrierobotern vorgestellt. Alle diese Programme sind für die Automatisierung von Montageabläufen enwickelt worden und lassen sich nicht bei der Gestaltung manueller Montagearbeitsplätze einsetzen.

Trotz der eingangs erwähnten Bedeutung von manuellen Montagearbeitsplätzen fehlen noch entsprechende Hilfsmittel zur Gestaltung dieser Arbeitsplätze. Nach /30/ nimmt die Planung und Gestaltung des Arbeitsraums bei der Entwicklung von manuellen Montagearbeitsplätzen eine zentrale Bedeutung ein. Deshalb soll in der vorliegenden Arbeit, analog zu dem im Bild 1 dargestellten Ablauf, ein auf graphischen und wissensbasierten Methoden gestütztes Verfahren zur Arbeitsraumgestaltung manueller Montagearbeitsplätze entwickelt werden. Mit diesem Verfahren soll ein Beitrag zur Überwindung des Planungsdefizits für den Bereich der manuellen Montagearbeitsplätze geleistet werden.

PROBLEME BEI DER ARBEITSRAUMGESTALTUNG FÜR MANUELLE MONTAGEARBEITSPLÄTZE

- Fehlende Visualisierung des Arbeitsraums und wichtiger Systemkomponenten
- Hoher manueller Such- und Gestaltungsaufwand
- Keine ausreichende Berücksichtigung ergonomischer Randbedingungen
- Gestaltungsergebnisse vom subjektiven Wissen des Bearbeiters abhängig

ANSATZ ZUR PROBLEMLÖSUNG

Erfassung und Analyse des Istzustands

- Beschreibung des Planungsgegenstands
- Parameter der Arbeitsraumgestaltung
- Methoden und Hilfsmittel
- Randbedingungen
- Ergebnisse

Auswertung artverwandter Lösungsansätze

- Modelle zur Simulation ergonomischer Größen
- Graphische Manipulation von Systemelementen
- Datenmodelle
- Praktische Anwendbarkeit
- Ergebnisse

ENTWICKLUNG EINES SYSTEMS ZUR ARBEITSRAUMGESTALTUNG FÜR MANUELLE MONTAGEARBEITSPLÄTZE

Anforderungen

- Arbeits- und Greifraumberechnung
- Arbeits- und Greifraumdarstellung
- Schnittstelle zu CAD-Systemen
- Anordnung der Teilebehälter
- Auswahl der Systemelemente

Realisierung

- Modellbildung und rechnerinterne Darstellung
- Graphische Benutzeroberfläche
- Datenfilter
- Heuristisches Regelsystem
- Datenverwaltung

Bild 1: Vorgehensweise zur Entwicklung eines Verfahrens zur Arbeitsraumgestaltung für manuelle Montagearbeitsplätze

2 Definitionen und Ziele für die Arbeitsraumgestaltung manueller Montagearbeitsplätze

Die Planung und Gestaltung manueller Montagearbeitsplätze ist in der Regel in eine Gesamtplanung der Montage eingebettet. Der Ablauf dieser Planung gliedert sich nach /1/ in die vier Hauptschritte

- Festlegen der Montageaufgaben,
- Grobplanung,
- Feinplanung,
- Realisierung.

In der vorliegenden Arbeit wird davon ausgegangen, daß der zu gestaltende Montagearbeitsplatz Element eines Montagesystems ist und daß eine Grobplanung dieses Systems erfolgt ist. Somit stehen alle in diesem Planungsschritt ermittelten Daten für die Planung und Gestaltung des manuellen Montagearbeitsplatzes zur Verfügung.

Die Arbeitsraumgestaltung von manuellen Montagearbeitsplätzen ist im Rahmen der Gesamtplanung im Bereich der Feinplanung einzugliedern. Die Feinplanung stellt nach /35/ eine detaillierte Ausarbeitung eines Arbeitssystems oder mehrerer System-Alternativen dar. In dieser Phase werden die einzelnen Systemkomponenten wie Arbeitsplätze, Arbeitsmittel, Verkettungs- und Transportmittel sowie deren Anordnung (System- und Arbeitsplatz-Layout) festgelegt. Die Feinplanung der Arbeitsplätze erfordert einen hohen zeitlichen und damit finanziellen Aufwand. Da, verglichen mit vollautomatisierten Montagesystemen, das Investitionsaufkommen für manuelle Arbeitsplätze relativ klein ist (manuelle Montagearbeitsplätze kosten je nach Ausstattung zwischen 5.000 DM und 80.000 DM), wird in der Regel auch der Planungs- und Gestaltungsaufwand für diese Systeme niedrig gehalten.

2.1 Beschreibung des Planungsgegenstandes

Die Arbeitsplätze, deren Arbeitsraum im Rahmen dieser Arbeit gestaltet werden soll, bestehen aus folgenden Elementen:

- Tisch,
- Sitz- oder Stehhilfe,
- Teilebehälter,
- Werkzeuge,
- Verkettungsmittel,
- Vorrichtungen.

Diese Arbeitsplätze lassen sich in manuelle und teilautomatisierte Montagearbeitsplätze einteilen.

Manuelle Montagearbeitsplätze bestehen aus einfachen Arbeitstischen und entsprechenden Sitzen, bei denen die Montagetätigkeit mit wenigen einfachen Werkzeugen durchgeführt wird. Als Montagehilfsmittel dienen nur die unmittelbar zur Montageoperation notwendigen Geräte wie Pressen, Vorrichtungen, Sonderwerkzeuge etc. Die zu montierenden Teile werden in Teilebehältern direkt am Arbeitsplatz bereitgestellt.

Teilautomatisierte Montagearbeitsplätze sind, häufig in Linienform angeordnet, durch Staubänder oder Werkstückträgerumlaufsysteme meist lose verkettet. Die manuellen Montagetätigkeiten werden auf Arbeitstischen oder frei über den Werkstückträgern ausgeführt. Den Ausführenden stehen Vorrichtungen, Hilfseinrichtungen, Montagewerkzeuge und dergleichen zur Verfügung.

Im weiteren Verlauf dieser Arbeit wurde der Untersuchungsbereich auf die manuellen Montagearbeitsplätze eingeschränkt. Wesentliche Überlegungen und Methoden (wie z.B. die Teilebehälteranordnung) sind jedoch auch auf die teilautomatisierten Montagearbeitsplätze übertragbar.

Die Gestaltung eines manuellen Montagearbeitsplatzes gliedert sich nach Bullinger /12/ in die Bereiche

- Betriebsmittelgestaltung,
- Arbeitsaufgabengestaltung,
- Arbeitsraumgestaltung.

In der Betriebsmittelgestaltung werden Sonderteile (z.B. Werkstückaufnahmen oder Sonderwerkzeuge) konstruiert. Andere Betriebsmittel (Tische, Teilebehälter etc.) sind soweit standardisiert, daß sie in Baukastensystemen auf dem Markt erhältlich sind. In diesem Falle werden von der Betriebsmittelgestaltung nur noch Zusammenbauhinweise und Installationsanleitungen für diese Komponenten geliefert.

In der Arbeitsaufgabengestaltung wird die Arbeitsbelastung mit Checklisten erfaßt und es werden Vorgaben für Belastungswechsel, Maximalkräfte usw. gemacht.

PARAMETER DER ARBEITSRAUM-GESTALTUNG	MANUELLE PLANUNGS-HILFSMITTEL	EDV-GESTÜTZTE PLANUNGS-HILFSMITTEL
Körpermaße	Tabellen	statistische Auswertung ergonomischer Daten
Bewegungsräume	bemaßte Arbeitsplätze	CAD-Systeme (statisch)
Greifräume	Schablonen Puppen	Anthropometrische Modelle
Wirkräume Bein / Fuß	Schablonen Puppen	Anthropometrische Modelle
Gesichtsfeld	Tabellen	Anthropometrische Modelle
Auswahl der Betriebsmittel	Herstellerkataloge System-Elemente-Katalog	Keine
Anordnung der Betriebsmittel	Modelle Methodenraum	CAD-Systeme (statisch)

Bild 2: Planungshilfsmittel zur Arbeitsraumgestaltung

Zur Bestimmung der im obenstehenden Bild 2 aufgeführten Parameter der Arbeitsraumgestaltung existieren einige manuelle Planungs-hilfsmittel, deren Einsatz jedoch so zeitaufwendig und schwierig ist, daß er in der Praxis häufig unterbleibt. Die in Bild 2 genannten EDV-gestützten Hilfsmittel sind Insellösungen, die aus anderen Anwendungs- oder Forschungsgebieten stammen, und die nicht bei der Arbeitsraumgestaltung manueller Montagearbeitsplätze eingesetzt werden können.

2.2 Ziel der Arbeit

Die Arbeitsraumgestaltung wird gegenwärtig durch Gesetze, DIN - und Werksnormen sowie eine Vielzahl von Empfehlungen aus der Arbeitswissenschaft immer schwieriger. In der Praxis kann dies zu Arbeitsplätzen führen, die nicht den gesetzlichen Regeln und Vorschriften entsprechen, und die häufig unzumutbare Belastungen für die Mitarbeiter beinhalten. So führen nach Sämann /67/ z. B. mangelhaft abgestimmte Arbeitsabläufe aufgrund schlechter Anordnung der Systemelemente zu einer ungünstigen Körperhaltung, die wiederum eine Leistungsminderung bis zu 40% verursachen kann. Durch die arbeitswissenschaftliche Gestaltung manueller Montagearbeitsplätze wird nach Lotter /42/ nicht nur der Ermüdungsgrad des Arbeitenden gesenkt, sondern es lassen sich auch Qualitätsverbesserungen und geringere Ausschußquoten erreichen. Die heute eingesetzten manuellen Verfahren sind wegen der Vielfalt der bei der Arbeitsraumgestaltung von Montagearbeitsplätzen zu berücksichtigenden Einflußgrößen und des damit verbundenen Datenvolumens an ihre Grenzen gestoßen. Die EDV-gestützten Hilfsmittel sind isolierte Programme, die aus methodischen und technischen Gründen nicht bei der Arbeitsraumgestaltung eingesetzt werden können.

Ausgehend von der Idee, dem Planer alle notwendigen Methoden direkt an einem Arbeitsplatz zur Verfügung zu stellen, wird gezeigt, daß auf der Basis einer Workstation (leistungsfähiger Arbeitsplatzrechner mit hochauflösendem Bildschirm) wesentliche Probleme, die bei der Arbeitsraumgestaltung von manuellen Montagearbeitsplätzen auftreten, gelöst werden können. Bei der Bewältigung dieser Aufgabe standen folgende Forschungsziele im Vordergrund:

- o Entwicklung eines Arbeits- und Greifraummodells zur rechnergestützten Behandlung der Arbeitsraumgestaltung.

- o Interaktive graphische Anordnung und Veränderung wichtiger Arbeitsplatzelemente.

- o Gestaltung einer Schnittstelle zur Übernahme vorhandener geometrischer Daten (z.B. der bereits mit CAD konstruierten Systemelemente).

- o Aufbau eines Regelsystems zur wissensbasierten Anordnung von Teilebehältern an manuellen Montagearbeitsplätzen.

- o Entwicklung einer geeigneten Datenverwaltung, in der alle für die Arbeitsraumgestaltung notwendigen Informationen (z.B. Beschreibungen von Systemelementen) enthalten sind, und die bei Bedarf mit den erzeugten Modelldaten abgeglichen werden können.

Die Modelldefinitionen von Greif- und Arbeitsraum sowie die graphische Darstellung der Arbeitsplatzelemente können analytisch aufgestellt und berechnet werden. Die Anordnung der Arbeitsplatzelemente ist nicht exakt lösbar, da keine eindeutigen Regeln oder Vorschriften zur Anordnung existieren und sich Randbedingungen (wie z.B. die zu montierende Baugruppe oder das Hallenlayout) ändern können.
Am Beispiel der Teilebehälteranordnung an manuellen Montagearbeitsplätzen soll deshalb gezeigt werden, daß mit wissensbasierten Methoden die Vorgehensweisen und Regeln, die die Planer heute intuitiv einsetzen, simuliert werden können. Optimale Anordnungen, im Sinne eines mathematischen Optimums, sind hierbei nicht zu erwarten, da Regelsysteme der künstlichen Intelligenz immer unvollständig sind. Dies bedeutet jedoch, daß der Planer die Möglichkeit haben muß, die wissensbasierten Anordnungsvorschläge zu verändern. Dies soll mit Hilfe einer interaktiven Graphikumgebung geschehen, die eine einfache Endgestaltung der Anordnung durch den Experten zuläßt. Der Ablauf algorithmischer und wissensba-

sierter Programme ist im folgenden Bild 3 dargestellt.

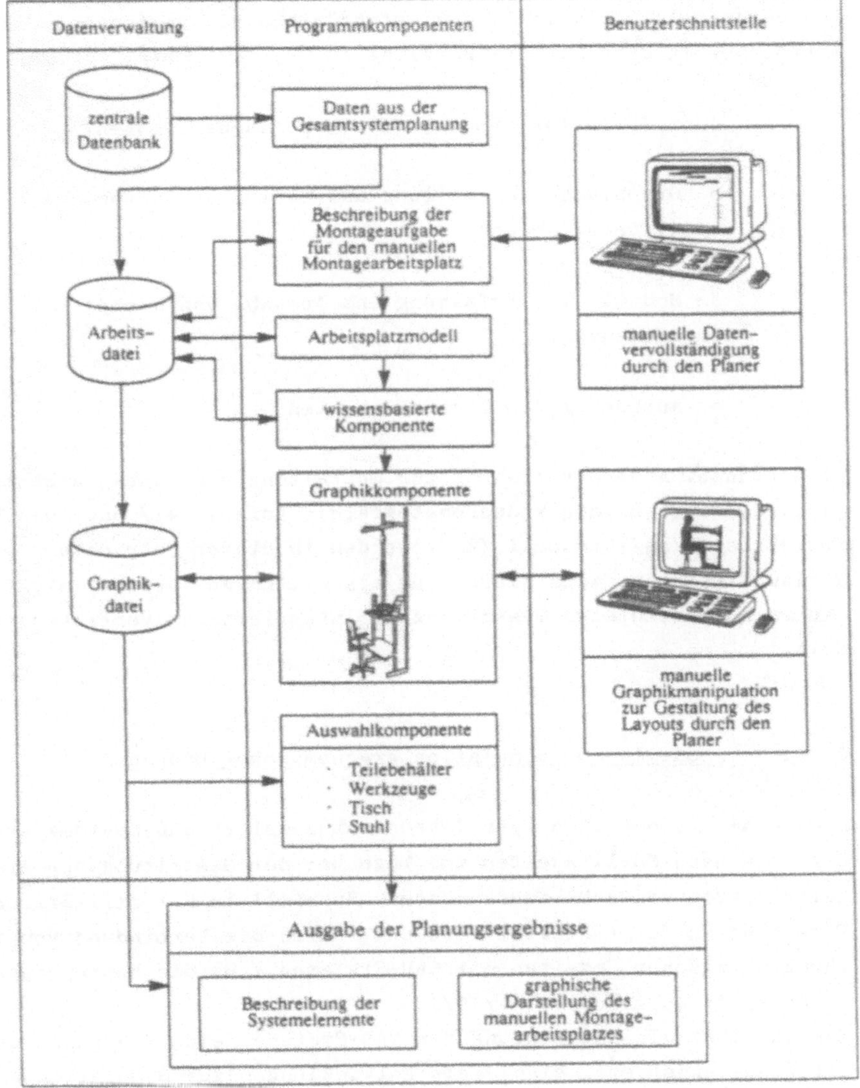

Bild 3: Aufbau und Ablauf des Programmsystems zur wissensbasierten graphischen Arbeitsraumgestaltung

2.3 Stand der Forschung

Der Stand der Forschung bei der Gestaltung des Arbeitsraums von manuellen Montagearbeitsplätzen wird in den folgenden Abschnitten dargestellt. Die in Bild 2 aufgeführten EDV-gestützten Hilfsmittel werden dabei in die Bereiche

- o Modelle zur Simulation ergonomischer Größen,
- o Graphische Darstellung und Manipulation von Systemelementen,
- o Modelle zur Erfassung und Auswahl von Systemelementen,
- o Anordnung von Systemelementen

eingeordnet. Andere Verfahren zur Gestaltung von Montagearbeitsplätzen, wie z.B. die Videosomatographie Lorenz /41/ oder die Motographie Elias/Istanbuli /24/, werden in dieser Betrachtung ausgeklammert, da es sich hierbei um eigenständige, derzeit nicht in ein rechnergestütztes Gesamtkonzept integrierbare, Verfahren handelt.

2.3.1 Modelle zur Simulation ergonomischer Größen

Die in den frühen sechziger Jahren entwickelten CAD-Systeme eröffneten neue Möglichkeiten und Wege bei der Gestaltung von Arbeitsplätzen und Arbeitsumgebungen. Speziell in der militärischen Forschung wurde frühzeitig versucht, durch die Verbindung von anthropometrischen Modellen mit CAD-Systemen z.B. die Bedingungen in Cockpits zu simulieren /19/.
Während über die Entwicklung von CAD-Systemen eine Vielzahl von Literatur existiert, sind viele Entwicklungen zur Simulation ergonomischer Größen nur in "In-house-reports" oder Handbüchern dokumentiert /32/. Zur Arbeitsplatzgestaltung werden neben den klassischen Methoden wie der Schablonen-Somatographie /33/ und

der Video-Somatographie /41/ auch zunehmend Verfahren zur rechnergestützten Simulation ergonomischer Größen eingesetzt /24/.

Aus der Literatur lassen sich drei Klassen von Modellen zur Simulation ergonomischer Größen ableiten:

Animationsprogramme (z.B. GRAPHICAL MARIONETTE /28/) dienen zur Visualisierung von "menschenähnlichen" Modellen, die in Realzeit bestimmte Bewegungsfolgen (z.B. das Bedienen bestimmter Instrumente) durchlaufen.

Mit anthropometrischen Programmen (z.B. SAMMIE /6/) wird versucht, Struktur, Funktionen und andere Charakteristika des menschlichen Körpers nachzubilden.

Biodynamische Programme (z.B. HASY /71/) versuchen auf der Basis anthropometrischer Prinzipien, Modelle von inneren Kräften (Muskelbelastung, Arbeit etc.) und äußeren Kräften (Reaktionskräfte, Gravitation etc.) aufzubauen.

In der unten stehenden Tabelle 1 sind die heute bekannten Programmsysteme zur Simulation ergonomischer Größen aufgeführt.

Name des Programms/Kurzform	entwickelt von	Status	Quelle bekannt seit
Anthropometric Design Aid Manikin/ADAM	Lockheed Missiles and Space Company, Sunneyvale, California	•	Cahill /14/ 1984
Boeman	Boeing Aerospace Company, Seattle, Washington	•	Dooley /19/ 1969
Crewstation Assessment of Reach/CAR	Boeing Aerospace Company, Seattle, Washington	•	Hickey /31/ 1976
Cockpit Geometry Evaluation/CGE	Boeing Aerospace Company, Seattle, Washington	•	Ryan /66/ 1976
Computerized Biomechanical Man-Model/COMBIMAN	University of Dayton Research Institute, Dayton, Ohio	••	Bapu /3/ 1976
Cybernetic Man-Model/ CYBERMAN	Chrysler Corporation, Detroit, Michigan	••	Blakeley /4/ 1980
ERGOMAN	Laboratory for Applied Anthropology and Human Ecology, Paris	in Arbeit	Renaud /64/
Ergonomic Value Estimator/EVE	Lockheed Missiles and Space, Company, Sunneyvale, California	•	Cahill /14/ 1984
Franky	G.I.T. Essen	•••	Elias /23/ 1985
Graphical Marionette	Massachusetts Institute of Technology, Cambridge	in Arbeit	Ginsberg /28/
Biomechanisches Modell des Hand-Arm-Systems/HASY	Institut für Arbeitswirtschaft und Organisation, Stuttgart	in Arbeit	Tsotsis /71/ 1986
Heiner	Institut für Arbeitswissenschaft TH Darmstadt	in Arbeit	Elias /24/
OSCAR	Somacad-Team, Darmstadt Szamred, Budapest	•••	Lippman /40/ 1986
Operator Station Design System/ OSDS	Rothe Development Inc.	••	Hickey /32/ 1976
Panel Layout Automated Interactive Design/PLAID	University of Texas San Antonio	••	Kroemer /37/ 1979
System for Aiding Man-Machine Interaction Evaluation/SAMMIE	University of Nottingham	•••	Bonney /5/ 1969
Skeleton Animation System/SAS	Ohio State University, Columbus	••	Zeltzer /76/ 1982
Workstation Layout Generator/ WOLAG	North Carolina University, Greensboro	••	Pulat /62/ 1983

Legende:
• Modell vorhanden •• prototypische Entwicklung ••• kommerziell nutzbar

Tabelle 1: Programme zur Simulation ergonomischer Größen

Einige der in Tabelle 1 aufgeführten Systeme zur Simulation ergonomischer Größen sind, da es sich um Entwicklungen aus dem militärischen Bereich handelt, entweder nicht freigegeben oder es sind prototypische Entwicklungen, deren Modellkern nicht auf die Arbeitsraumgestaltung übertragbar ist. Die Systeme FRANKY /23/, OSCAR /40/ und SAMMIE /5/ sind kommerziell verfügbar.

FRANKY wurde als Arbeitshilfe für die Entwicklung und Konstruktion entwickelt. Dieses Programm baut auf dem 3D-Graphik-System ROMULUS auf. Mit Hilfe eines Volumenmodells können Kollisionsuntersuchungen, Kraft-und Sehraumsimulationen durchgeführt werden. Ein besonderer Algorithmus erlaubt das automatische, optimierte Bewegen von Armen und Beinen.

OSCAR ist eine ungarisch-deutsche Gemeinschaftsentwicklung. In der 2D/3D-Grundversion läuft diese Software auf Personal-Computern unter dem Betriebssystem MS-DOS. Durch ein angepaßtes CAD-Programm aus dem Bereich Maschinenbau/Architektur kann die Arbeitsumgebung in stark vereinfachter Form abgebildet werden.

SAMMIE wurde an der Universität Nottingham entwickelt und von dem Computerhersteller PRIME für den kommerziellen Gebrauch weiterentwickelt. Bei diesem System wird die gewünschte Umgebung aus sogenannten Primitiven, einfachen geometrischen Körpern wie Quader, Pyramide usw., zusammengesetzt. Bei diesem Modell können verdeckte Kanten ausgeblendet werden.

Eine Zusammenstellung der wichtigsten Vergleichskriterien dieser drei Systeme gibt die folgende Tabelle 2.

Programmname	FRANKY	OSCAR	SAMMIE
Modelldefinition			
• 3D/2D	3D-Volumenmodell	2D/3D-Drahtmodell	3D-Volumenmodell
• Anzahl der Körperelemente	16	20	21
• Anzahl der Gelenke	15	18	17
• Mögliche Körpergröße	4 Grundgrößen 95-, 50-, 5- Percentil-Mann 5-Percentil-Frau	Mann/Frau in den Percentilen 2.5 bis 97.5	Mann/Frau alle Percentile nach der Dreyfus-Übersicht
• Datenbasis	Anschluß an ergonomische Datenbank	Verwendung von anthropometrischen Daten der UNESCO	Anschluß an NASA Populations-Datenbank möglich
Arbeitsplatzmodell			
• 3D-Umgebung	3D-Graphik-System ROMULUS	Einfache interne C-Graphikroutinen	PRIME-MEDUSA 3D-Modeller (PDGS)
• Bewegungssimulation	möglich	nicht möglich	möglich
• Kopieren von Objekten	möglich	möglich	möglich
• Verschieben von Objekten	möglich	nicht möglich	möglich
• temporäres Entfernen von Objekten	möglich	nicht möglich	möglich
Eingabe	Mouse/Keyboard	Mouse/Keyboard	Mouse/Keyboard
Hardware	Evans+Sutherland VAX	PC mit mindestens 0.5 MByte Hauptspeicher und mindestens 20 MByte Plattenspeicher	PRIME
Software	FORTRAN 77 ROMULUS	MS-DOS PASCAL C	MEDUSA PDGS (Product Design System)

Tabelle 2: **Eigenschaften von Modellen zur ergonomischen Simulation**

Einer Integration dieser Programme in ein System zur Arbeitsraumgestaltung für manuelle Montagearbeitsplätze widerspricht die Tatsache, daß diese Systeme eine sinnvolle Arbeitsplatzmodellierung nur in Verbindung mit einem CAD-System erreichen. Solche CAD-Systeme sind jedoch zur interaktiven Manipulation von Arbeitsplatzelementen nicht geeignet. Für das System HASY /71/ gibt es gegenwärtig noch keine graphische Realisierung. Das zugrundeliegende biomechanische Modell des Hand-Arm-Systems, das für kinetische und kinematische Grundlagenuntersuchungen entwickelt wurde, wurde im Rahmen dieser Arbeit mitberücksichtigt.

2.3.2 Graphische Darstellung und Manipulation von Systemelementen

Die Entwicklung der dreidimensionalen Computergraphik wurde in den letzten 25 Jahren im wesentlichen durch Anwendungen und Probleme aus Konstruktion und Entwicklung bestimmt. Mittlerweile gibt es jedoch neue Einsatzgebiete (z.B. Film, Fernsehen, Biomedizin), die andere Anforderungen an die Computergraphik stellen /39/. Bedingt durch die sinkenden Preise bei Speichern und Prozessoren wurde die Entwicklung der Computergraphik durch die Einführung von Rasterbildschirmen beschleunigt. Damit können Körper wirklichkeitsgetreu dargestellt werden.

Die Modelle zur Beschreibung von dreidimensionalen Objekten wurden durch die Hinzunahme von immer mehr Informationen über die physische Gestalt der Objekte verfeinert. Während früher häufig noch mit Kanten-und Flächenmodellen gearbeitet wurde /75/, werden heute im CAD-Bereich hauptsächlich Volumenmodelle (solid modelling) eingesetzt /22/. Die Volumenmodelle untergliedern sich in verschiedene Techniken, von denen die BREP-Darstellung (Boundary Representation) Vorteile bei der Erzeugung von Bildern bietet, während die CSG-Darstellung (Constructive Solid Geometry) besser für das Modellieren von Körpern geeignet ist /65/.

Von ihrer Funktionalität her sind die 3D-Graphik-Systeme zum Gestalten und Detaillieren von Objekten angelegt. Je nach Leistungsklasse und Ausbaustufe stellen sie Funktionen wie Sweeping, Rotation, Boolesche Verknüpfungen etc. zur Verfügung, mit deren Hilfe Translations-, Rotations-, Regel- und Freiformflächen ererstellt werden können. Um den Anforderungen, die aus der Konstruktion an Graphiksysteme gestellt werden, zu genügen, werden die Modelle rechnerintern oft exakt berechnet. Die Übergabe von Daten aus den Graphiksystemen an andere Systeme soll über Standard-Schnittstellen wie IGES (Initial Graphics Exchange Standard) für graphische Informationen oder über NC-Schnittstellen für technische Informationen erfolgen /21/. Die Weiterverarbeitung dieser Daten z.B. in Simulationsprogrammen ist in der Regel erst nach einer Konvertierung und durch das Hinzufügen weiterer Informationen möglich /73/. Die CAD-Systeme selbst sind für statische detailgenaue Darstellungen ausgelegt.

Die Forderungen der Arbeitsplaner nach interaktiver Manipulation von dreidimensionalen Körpern, nach Überprüfung von Kollisionen sowie nach dynamischer Bewegung von Objekten sind mit diesen Systemen gegenwärtig nicht erfüllbar. Darüber hinaus weisen die Benutzerschnittstellen an 3D-Graphiksystemen noch erhebliche Mängel auf /43/ und sind nicht für eine interaktive planerische Tätigkeit ausgelegt. Aus den Gebieten der Software-Ergonomie und der Mensch-Maschine-Kommunikation wurden in den letzten Jahren wichtige Forschungsergebnisse in marktreife Produkte umgesetzt (z. B. XEROX Star, Apple Macintosh, SMALLTALK 80 usw.) /27/. Einen Anforderungskatalog nach DIN /58/, in dem Gestaltungsgrundsätze der Mensch-Maschine-Schnittstelle bei der Softwareerstellung vorgeschlagen werden, stellt Dzida /20/ vor. Die wichtigsten Kriterien sind dabei:

- Aufgabenangemessenheit,
- Selbsterklärungsfähigkeit,
- Steuerbarkeit,
- Verläßlichkeit,
- Fehlertoleranz und -transparenz,
- Berücksichtigung des Geübtheitsgrades,
- Erlernbarkeit.

Bei Bullinger /10/ werden die Gestaltungsmöglichkeiten der Mensch-Maschine-Schnittstelle noch weiter gefaßt, indem neben der softwaretechnischen Realisierung eine geräteunabhängige Ein- und Ausgabeschnittstelle für unterschiedliche Systeme formuliert wird. Bei der Gestaltung der graphischen Benutzeroberfläche wurde auf die Berücksichtigung dieser Gestaltungsmöglichkeiten Wert gelegt.

2.3.3 Modelle zur Erfassung und Auswahl von Montagesystemelementen

In diesem Abschnitt wird nach einer Beschreibung der heute bekannten Vorgehensweisen bei der Auswahl von Montagesystemelementen eine kurze Darstellung von Datenmodellen gegeben, die zur rechnergestützten Erfassung und Auswahl von Montagesystemelementen geeignet sind.

2.3.3.1 Klassische Ansätze

Der Anstoß für die Planung und Gestaltung von Montagearbeitsplätzen für den Eigenbedarf (Anwender) erfolgt in der Regel durch die geplante Einführung eines neuen Produkts, durch Maßnahmen zur Fertigungskostensenkung oder durch eine Bedarfsänderung. Oftmals sind auch Hersteller von Montagesystemelementen aufgefordert, Komplettlösungen für die Produktmontage zu liefern. Für den Fall, daß der Montagearbeitsplatz für den Eigenbedarf entwickelt wird, muß eine ganze Reihe von Planungsschritten absolviert werden, bis das eigentliche Gestaltungsproblem gelöst werden kann. Diese vorgelagerten Planungsschritte sind z.B. bei Ammer /1/ ausführlich beschrieben. Wenig wird dort freilich darüber ausgesagt, in welcher Form die Basisdaten (z.B. Datenträger) vorhanden sind. Man kann daher vermuten, daß der Arbeitsplaner die für ihn relevanten Daten und Kenngrößen aus verschiedenen Unterlagen zusammentragen und dann vermutlich um weitere Gestaltungsparameter ergänzen muß.

Wird der Montagearbeitsplatz für einen Kunden konzipiert, so werden die relevanten Daten in aller Regel dem Kundenpflichtheft und dem Angebot bzw. Auftrag zu entnehmen sein /38/. Trotzdem wird der Planer auch hier nicht auf Rückfragen z. B. beim Projekteur verzichten können.

Neben der Erfahrung des Planers sind Hersteller-Kataloge derzeit die einzigen verfügbaren Quellen zur Auswahl von Systemelementen. Mit dem Arbeitssystem-Elemente-Katalog /34/ wurde bereits 1977 versucht, die von der Industrie verbreiteten Informationen über Systemelemente zu sammeln und zu systematisieren. Zum schnellen Auffinden von unterschiedlichen Elementen wurde der Arbeitssystem-Elemente-Katalog in die drei Elementegruppen

- Arbeitsplatz,
- Verkettungsmittel,
- Speicher

gegliedert. Die Informationen zu den einzelnen Elementen sind in Form von Datenblättern aufbereitet. Der Planer soll damit die Möglichkeit erhalten, durch Vergleich der unterschiedlichen Daten die für ihn geeigneten Elemente auszuwählen.
Die Nachteile dieser "manuellen" Methode liegen auf der Hand:

- ein gezieltes Suchen nach bestimmten Schlüsseleigenschaften ist nicht möglich (z. B. "antistatische Tischoberfläche");
- Informationen können nur sehr schwer aktualisiert werden;
- wegen der gewollten übersichtlichen Darstellung fehlen oft Informationen zu speziellen Details.

In der Regel sind Ergebnisse, die durch diese klassische Vorgehensweise entstehen, sehr stark vom Vorwissen des Planers geprägt, d. h. der Planer wird die ihm bekannten, "bewährten" Elemente bevorzugen. Wegen des Termindrucks und der Schwierigkeit, ähnliche Elemente für alternative Lösungen herauszusuchen, wird oft die erste Lösung, die häufig nicht die Beste ist, verwendet. Aus der Literatur sind einige Ansätze zur Bewältigung der Nachteile der manuellen Methode bekannt. So wird z.B. in /35/ ein Programm zur rechnergestützten Auswahl und Kombination von Arbeitssystem-Elementen vorgestellt. Dabei werden auf der Basis von Sachmerkmalen Arbeitssystem-Elemente produkt- und systemelementbezogen gegliedert. Diese Anforderungsprofile werden dann mit den Eignungsprofilen eines Arbeitssystem-Elements verglichen. Als ein Ergebnis erhält der Planer dann einen Verweis auf ein Element im Arbeitssystem-Elemente-Katalog. Es erfolgt also kein automatisches Suchen in den gespeicherten Daten, und die bekannten Nachteile bleiben weiter bestehen. Haller /30/ geht in seiner Arbeit auf die Möglichkeit der Auswahl der Ausrüstungselemente vom Arbeitsplaner am Bildschirmterminal im Dialog ein und beschreibt eine interaktive Vorgehensweise bei der Teilebehälterauswahl. Eine Lösung des Auswahlproblems wird dabei jedoch nicht angegeben.

2.3.3.2 Auswahl von Arbeitsplatzelementen

Die rechnergestützte Beschreibung und Verarbeitung von Arbeitsplatzelementen erfolgt zweckmäßigerweise mit einem Datenverwaltungssystem auf der Basis von Datenmodellen. Neben den drei wichtigsten Datenmodellen /17/

- dem hierarchischen Modell,
- dem Netzwerkmodell,
- dem relationalen Modell

gibt es andere Datenmodelle, die sich mit dem Entwurf von Datenbankanwendungen auf einer benutzernahen, fachlichen Ebene befassen, und die sich für die Speicherung und Suche von Arbeitsplatzelementen eignen könnten. Diese Datenmodelle faßt man unter der Bezeichnung semantische Datenmodelle zusammen. Es handelt sich dabei um Ansätze, den an einem Datenmodell ausgerichteten formallogischen und daraus folgenden physischen Datenbankentwurf auf einer "semantischen", d. h. an der konkreten Sachlage in den betreffenden Anwendungsbereichen und der zugrundeliegenden Fachdisziplin ausgerichteten, benutzernahen Ebene vorzubereiten /50/.

Beim semantic hierarchy model (SHM) /69/ wird vom Begriff der Abstraktion ausgegangen. Darunter versteht man die Fähigkeit, die unübersehbare Vielfalt von Informationsobjekten systematisch zu ordnen durch Zusammenfassen wesentlicher Merkmale. Zwei wichtige Abstraktionstypen, die Generalisierung und die Aggregation, werden unterschieden. Die durch die Generalisierung gebildeten Konstrukte werden "Modelle der realen Welt" genannt. Damit werden beim Datenbankentwurf für den Benutzer wichtige Daten von unwichtigen Details der Datenstruktur getrennt.

Die Erweiterung des Relationen-Modells von Codd /17/ soll den Entwerfer und zukünftigen Benutzer von Datenbankanwendungen in die Lage versetzen, in einem ersten Entwicklungsschritt mehr von der Bedeutung der Daten in der Fachabteilung zu erfassen. Es soll also eine semantische Modellierungsfähigkeit erreicht werden, ohne dabei die einfache Manipulierbarkeit des Relationenmodells aufzugeben.

Im entity-relationship model /15/ wird zwischen Informationsobjekten und der Beziehung zwischen den Objekten unterschieden. Sowohl die Objekte als auch die Beziehungen können in ihren Eigenschaften gesondert beschrieben werden. Die Hauptaufgabe besteht nun darin, die begrifflichen Zusammenhänge im Hinblick auf die Informationsverarbeitung in den einzelnen Fachabteilungen aufzudecken und in einer sowohl für den DV-Benutzer als auch für den DV-Spezialisten verständlichen und übersichtlichen Form darzustellen.

Beim Einsatz der vorgestellten Datenmodelle für komplexe technische Anwendungen hat es sich gezeigt, daß gegenwärtig noch Datensicherungs- und Laufzeitprobleme vorhanden sind, die eine praktische Anwendung nicht zulassen. Zur Realisierung einer schnellen, kostengünstigen Datenbereitstellung bei der Arbeitsraumgestaltung von manuellen Montagearbeitsplätzen wurde daher im Rahmen der vorliegenden Arbeit ein eigenes Informationsmanagementsystem entwickelt, das auf dem rechnerinternen Datenverwaltungssystem aufbaut, hierarchisch gegliedert ist und Beziehungen (Relationen) zwischen Objekten einer Struktur zuläßt.

2.3.4 Anordnung von Systemelementen

Für die Konfiguration von automatischen Montagesystemen stellen Feldmann/Hemberger /26/ das prototypische Expertensystem MOPLAN vor. Nach der interaktiven Beschreibung der Montageaufgabe durch den Planer versucht das System automatisch über eine Wissensbasis eine Organisationsform (Nest- oder Linienmontage) zu finden. Mit einem CAD-System kann anschließend ein Groblayout des Montagesystems am Bildschirm dargestellt werden. Die Arbeiten an diesem System sind noch nicht abgeschlossen.

Für das Problem der Teilebehälteranordnung an manuellen Montagearbeitsplätzen untersuchte Haller /30/, ob in Analogie zum Zuordnungsproblem, welches auf das klassische Transportproblem zurückzuführen und daher algorithmisch mit der Simplex-Methode zu lösen ist /72/, eine Lösung gefunden werden kann. Er kommt dabei zu dem Ergebnis, daß dies nur bei sehr einfachen Modellen möglich ist. Für die in der Praxis gestellten Anforderungen ist das Zuordnungsproblem zur Lösung des Behälteranordnungsproblems nicht geeignet. Auf der Grundlage des MTM-Verfahrens /57/ versucht Haller dann, über eine Minimierung der Greifzeiten (Zielfunktion) eine optimale Teilebehälteranordnung zu erreichen. Unter sehr eingeschränkten Voraussetzungen und unter der Vernachlässigung anderer Zielkriterien erhält man mit dem vorgeschlagenen Verfahren Anordnungsvorschläge. Das System ist jedoch nicht für allgemeinere Anordnungsprobleme (z.B. Einsatz unterschiedlicher Behälter hinsichtlich Geometrie und Kombinierbarkeit) ausgelegt.

Zusammenfassend ist festzustellen, daß es zu den in Kapitel 1 genannten Anforderungen einige Lösungsansätze gibt, diese jedoch nicht in ein hybrides System zur Arbeitsraumgestaltung für manuelle Montagearbeitsplätze übernommen werden können. Bei der Modellbildung zur Greifraumberechnung können theoretische Aussagen von /71/ berücksichtigt werden.

3 Die Arbeitsraumgestaltung

Die detaillierte Gestaltung manueller Montagearbeitsplätze erfordert insbesondere bei der Erarbeitung mehrerer Lösungsalternativen einen hohen zeitlichen Aufwand, trägt aber wesentlich zur Akzeptanz der Arbeitsplätze durch die Mitarbeiter und zur Wirtschaftlichkeit des gesamten Montageablaufs bei. Nach Bullinger /12/ gliedert sich die Arbeitsplatzgestaltung von manuellen Montagearbeitsplätzen in die Teilaufgaben

- o organisatorische Gestaltung,
- o technische Gestaltung,
- o Layoutgestaltung,
- o Bewertung der Alternativen,
- o Dokumentation der Gestaltungslösung.

Die Arbeitsraumgestaltung hat in diesem Ablauf eine wichtige Bedeutung. Im untenstehenden Bild 4 ist die Einordnung der Arbeitsraumgestaltung in den Gesamtgestaltungsprozeß dargestellt.

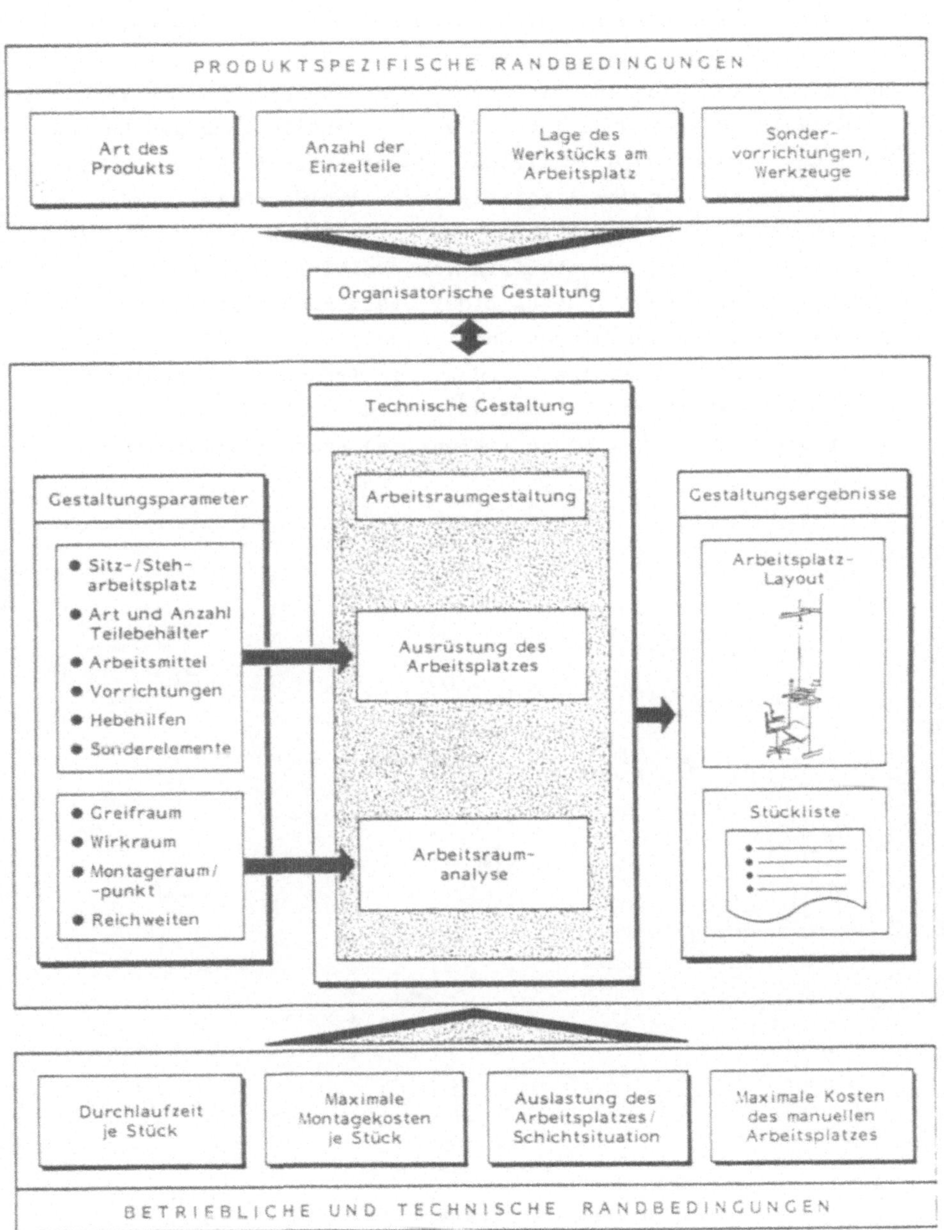

Bild 4: Einordnung der Arbeitsraumgestaltung in den Gesamtgestaltungsprozeß

Für die rechnergestützte Arbeitsraumgestaltung ist es notwendig, neben einem Modell des Arbeitsraumes und der rechnerinternen Umsetzung dieses Modells, ein Modell des menschlichen Greifraums zu entwickeln. Dieses Modell dient zur percentilabhängigen Berechnung des menschlichen Greifraums. Im nächsten Schritt muß dieses Greifraummodell in das Arbeitsraummodell eingebettet werden. Damit können dann verschiedene Objekte wie Tisch, Stuhl etc. im Arbeitsraum plaziert und abhängig vom ermittelten Percentil, Teilebehälter (Werkzeuge) innerhalb des Greifraums angeordnet werden. Bei der Realisierung dieser Modelle sollte der in Bild 5 dargestellte Aufbau eingehalten werden. Die Trennung von Mensch-Maschine-Kommunikation, Datenverwaltung und Methodenverwaltung soll die Bedienung und Weiterentwicklung des Systems erleichtern.

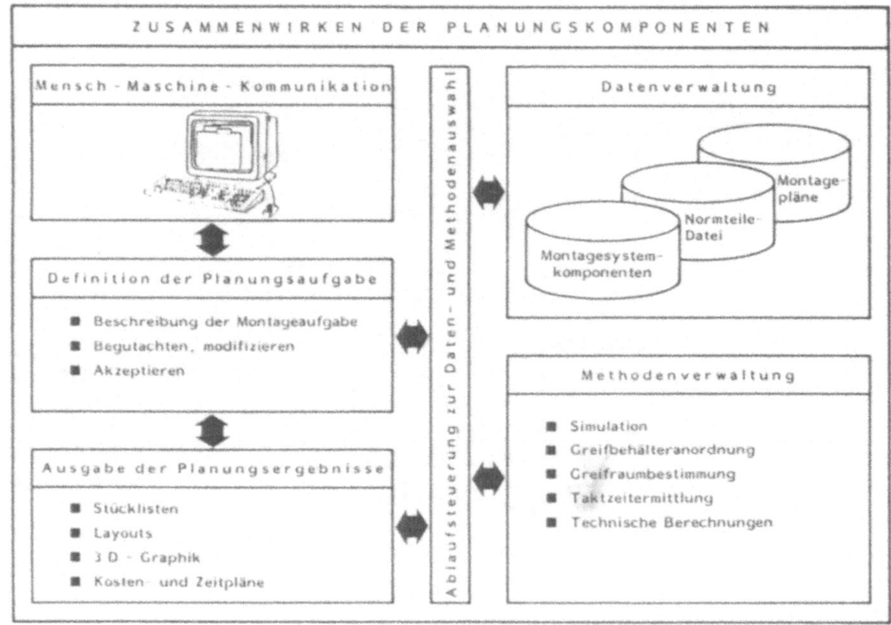

Bild 5: Zusammenwirken der Systemkomponenten

3.1 Die Verwaltung von Arbeits-und Greifraum

Bei der Planung und Gestaltung manueller Montagearbeitsplätze müssen die über Algorithmen oder wissensbasierte Komponenten gefundenen Systemelemente kombiniert und angeordnet werden. Dabei sind die in Bild 6 dargestellten physikalischen und anatomischen Restriktionen zu beachten.

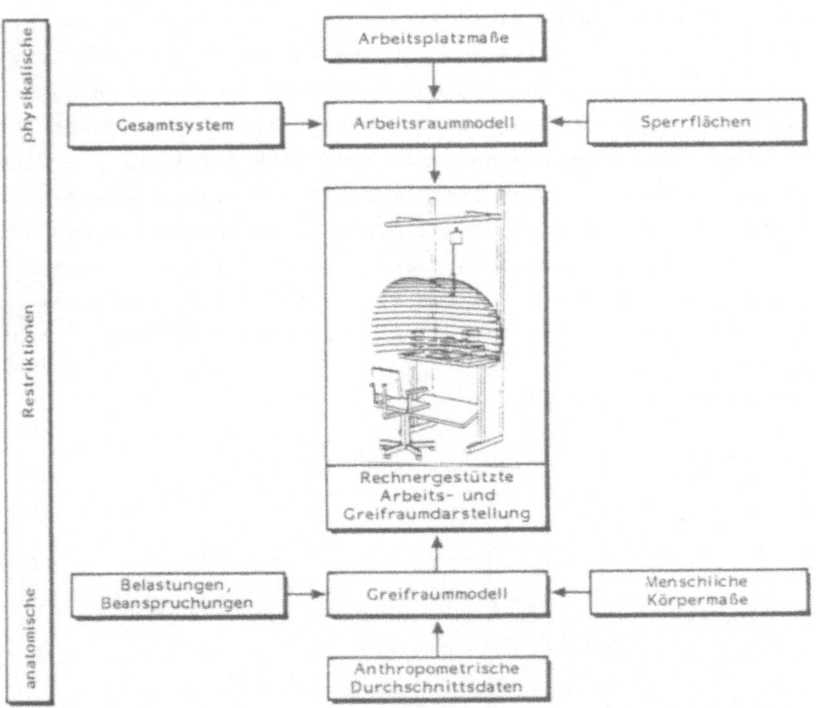

Bild 6: Einfluß von physikalischen und anatomischen Restriktionen auf die rechnergestützte Arbeits- und Greifraumgestaltung

Da bei der rechnergestützten Arbeitsraumgestaltung von manuellen Montagearbeitsplätzen solche Restriktionen mit verarbeitet werden müssen, ist es erforderlich, jeden Layout-Vorschlag rechnerintern darzustellen. Daraus ergibt sich die Aufgabe, geeignete Modelle für den Arbeits- und den Greifraum zu entwickeln, mit deren Hilfe wissensbasierte oder graphische Plazierungsvorschläge simuliert werden können.

3.1.1 Definition des Arbeitsraumes

Der Arbeitsraum an manuellen Arbeitsplätzen wird begrenzt durch die Größe der Arbeitsfläche einschließlich der je nach Anlagenkonfiguration daran anschließenden Fläche des verwendeten Verkettungsmittels, z.B. eines Transportbandes (Bild 7). In der Vertikalen wird der Arbeitsraum nach unten beschränkt durch die Arbeitsfläche H und nach oben durch Vorgabe einer maximalen Höhe H_{max} für Stellteile /54/. Daraus ergibt sich ein orthogonaler Quader mit den Abmessungen (vgl. Bild 7) B * T * (H_{max} - H) als maximaler Arbeitsraum an einem manuellen Montagearbeitsplatz. Zusätzlich können je nach Bedarf die Arbeitsraumgrenzen mit Hilfe entsprechender Parameter in jede Richtung beliebig verschoben werden. Damit wird die Einbindung des Arbeitsplatzumfeldes möglich (z.B. zur Positionierung von Teilebereitstellungselementen auf dem Boden).

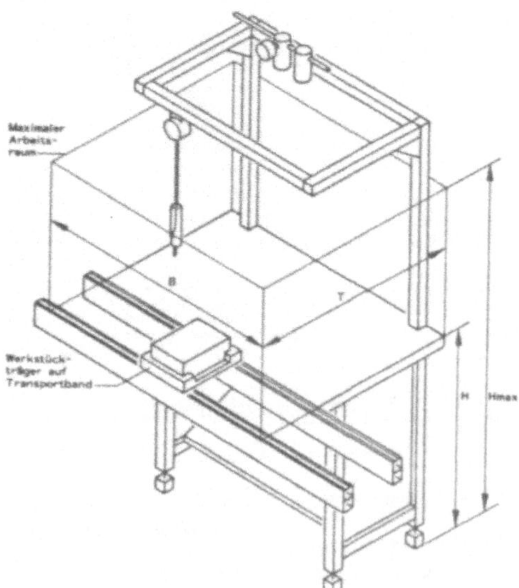

Bild 7: Maximaler Arbeitsraum bei einem manuellen Montagearbeitsplatz

3.1.2 Das Modell des Arbeitsraumes und seine rechnerinterne Darstellung

Das rechnerinterne Arbeitsraummodell zur Repräsentation des realen Arbeitsraumes soll einerseits eine möglichst genaue Abbildung der realen Verhältnisse sein, andererseits jedoch, um möglichst kurze Antwortzeiten zu erzielen, den Speicherplatz- und Rechenzeitbedarf zur Verwaltung des Modells möglichst gering halten.
Für die Beschreibung des Arbeitsraummodells gilt: Der gesamte Arbeitsraum wird in gleich große Würfel mit der Kantenlänge s zerlegt. Ein solcher Würfel heißt im folgenden Rasterelement. Jeder Punkt des Arbeitsraums liegt innerhalb eines solchen Rasterelements und trägt alle Zustände und Eigenschaften, die in diesem Rasterelement definiert sind. Damit erfolgen Zustandsänderungen nur beim Übergang von einem Rasterelement zum nächsten. Die Rasterelemente mit der Kantenlänge s stellen also eine Approximation des realen Raumes dar, deren Genauigkeit von der Länge s abhängt.
Für die rechnerinterne Darstellung des Arbeitsraums eines manuellen Montagearbeitsplatzes im Rahmen dieses Modells muß eine Abschätzung über die zu verwendende Kantenlänge s durchgeführt werden. Für diese Abschätzung ist es notwendig, den maximalen Arbeitsraum zu ermitteln. Dabei wird von Abmessungen ausgegangen, die den Herstellerunterlagen von auf dem Markt erhältlichen Montagesystemelementen entnommen wurden (/55/, /52/).
Übliche Montagearbeitstische haben die folgenden Abmessungen:

Breite:	800 - 1400 mm
Tiefe:	410 - 800 mm
Höhe:	800 - 1200 mm

Die maximale Höhe für Entnahmeöffnungen von Teilebereitstellungselementen liegt nach /53/ bei H_{max} = 1400mm, um die freie Sicht über den Arbeitsplatz hinweg zu gewährleisten. Die maximale Höhe zur Positionierung von Stellteilen und Werkzeugen liegt bei 1500 mm. Transportsysteme, an die Handarbeitsplätze angebunden werden können, haben eine Breite von 160 - 600 mm. Geht man von einer maximalen nutzbaren Tiefe des Arbeitsraums (Transportband + Arbeitstisch) von 1000 mm aus, ergibt sich ein maximal zu betrachtender Arbeitsraum von:

$$B * T * DH = 1400 * 1000 * (1500 - 800) \; [mm^3]$$
$$= 9.8 * 10^8 [mm^3] \approx 10^9 \; [mm^3]$$
$$= 10^6 \; [cm^3]$$

Um innerhalb des Arbeitsraummodells arbeitswissenschaftliche und physikalische Randbedingungen und Restriktionen verarbeiten zu können, müssen jedem Rasterelement verschiedene Eigenschaften zugewiesen werden. Das im Rahmen der vorliegenden Arbeit entwickelte Arbeitsraummodell enthält die in Tabelle 3 aufgeführten Eigenschaften. In der Tabelle 3 werden neben der rechnerinternen Darstellung dieser Eigenschaften auch Angaben zum benötigten Speicherplatz gemacht.

Rasterelement-Eigenschaft	Größe	Typ	benötigter Speicherplatz [byte]
Position eines Rasterelements	x-, y-, z-Position	Integer	12
Rasterelement frei	(ja/nein)	boolesch	1
Rasterelement einsehbar	(ja/nein)	boolesch	1
Rasterelement greifbar	(ja/nein)	boolesch	1
Rasterelement gesperrt	(ja/nein)	boolesch	1
Rasterelement in der Greifraumzone des kleinsten Percentils nach [13],[59]	außerhalb = 0 innerhalb = 1,2,3.4 (Zone)	Integer Integer	4
Rasterelement in der Greifraumzone des größten Percentils nach [13],[59]	außerhalb = 0 innerhalb = 1,2,3.4 (Zone)	Integer	4
freie belegbare Zusatzeigenschaft	0,1,2, ...n	Integer	4
Summe			28

Tabelle 3: Speicherplatz für die Verwaltung der Rasterelementeigenschaften

Bei einem Arbeitsraum von ca 10^6 cm^3 und einem verfügbaren Speicherplatz von 1 mbyte ergibt sich bei 28 byte je Rasterelement ein Volumen von 28 cm^3 pro Rasterelement. Das entspricht einer Kantenlänge k von etwa 3 cm. Allgemeiner ergibt sich der in Bild 8 dargestellte Zusammenhang.

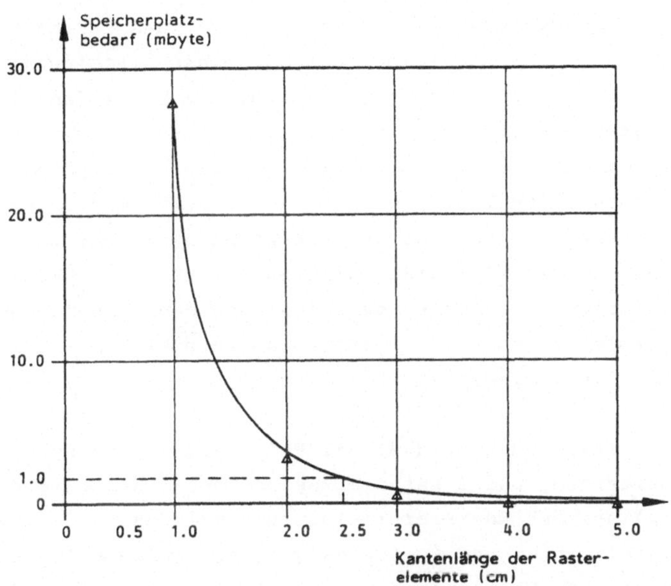

Bild 8: Speicherplatzbedarf und Zahl der Rasterelemente

Bei der Implementierung des Arbeitplatzmodells auf einer Workstation (Arbeitsplatzrechner mit hochauflösendem graphischen Bildschirm) soll die Rasterelement-Kantenlänge s variabel gehalten werden, so daß bei kleineren Arbeitsräumen oder größerem verfügbarem Speicherplatz die Genauigkeit der Abbildung gesteigert werden kann. Mit einem Wert von k = 2,5 cm können hinreichend genaue Ergebnisse erzielt werden, wenn die Arbeitsplatzumgebung nicht mitmodelliert werden muß.

Zum Abschluß dieses Abschnitts soll die Übertragung beliebiger Punkte aus dem realen Arbeitsraum in das Arbeitsraummodell, d.h. die Zuweisung eines Rasterelements zu einem realen Raumpunkt einschließlich der entsprechenden Rücktransformation dargestellt

werden.
Das gesamte Arbeitsraummodell besteht aus n_{gs} Rasterelementen, wobei gilt:

$$n_{gs} = n_{x_{max}} \cdot n_{y_{max}} \cdot n_{z_{max}}$$

mit $n_{i_{max}}$ = Zahl der Rasterelemente in x-,y-, und z-Richtung (i = x,y,z). Jedes Rasterelement besitzt einen Mittelpunkt, der über seine x-, y- und z-Koordinate, bezogen auf das Inertialsystem des realen Arbeitsraums, gekennzeichnet ist. Damit kann jedes Rasterelement entweder über seine Mittelpunktkoordinaten x,y,z (Realdarstellung) oder über seine relative Rasterposition innerhalb des Arbeitsraummodells (Integerdarstellung) identifiziert werden. Da Mittelpunktkoordinaten und relative Rasterposition sehr einfach ineinander umgerechnet werden können, wählt man aus Speicherplatzgründen die relative Rasterposition zur Identifikation der Rasterelemente.

Im folgenden (vgl. auch Bild 9) sei $P_R(x_R, y_R, z_R)$ ein Punkt im realen Arbeitsraum, und s sei die Rasterelement-Kantenlänge. $P_M(x_M, y_M, z_M)$ sei der Rasterelementmittelpunkt des zu P_R zugewiesenen Rasterelements, und $P_{MR}(n_x, n_y, n_z)$ sei die relative Rasterposition desselben Rasterelements im Arbeitsraummodell. Für die Berechnung von n_i und i_M aus i_R (entspricht der Transformation T in Bild 9) gilt:

$$i_M = k \cdot \left[G\left(\frac{i_R + \frac{k}{2}}{k} \right) \right] - \frac{k}{2} \qquad (i = x, y, z)$$

$$und \quad G(x) = [x + 0,5 \cdot sign(x)] \in \mathbb{Z} = \{Menge \quad der \quad ganzen \quad Zahlen\}$$

Umgekehrt gilt für die Berechnung von i_R aus n_i und aus i_M (entspricht der Rücktransformation RT in Bild 9):

$$\bar{i}_R = k \cdot n_i - \frac{k}{2} \qquad (i = x, y, z)$$

wobei diese Rücktransformation mit dem Fehler F behaftet ist, der maximal der Größe der halben Rasterdiagonalen entspricht.

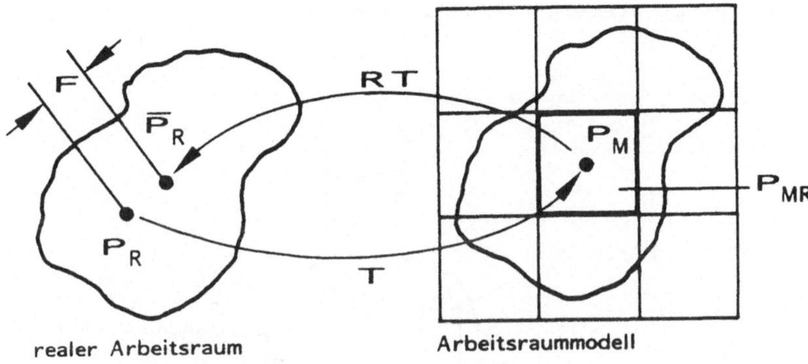

Bild 9: Transformation eines Punktes aus dem realen Arbeitsraum in den Modellraum und die zugehörige Rücktransformation

3.1.3 Das Modell des menschlichen Greifraums

Im Abschnitt 2.3.1 wurden unterschiedliche Modelle zur Simulation ergonomischer Größen aufgeführt. Diese Modelle lassen, mit z.T. sehr aufwendigen Ansätzen, Aussagen über den Verlauf des geometrisch und anatomisch maximalen Greifraums des Menschen zu. Da beim Layout manueller Montagearbeitsplätze in der Planungsphase der Verlauf des physiologisch sinnvollen Greifraums von Interesse ist, muß bei der percentilabhängigen Bestimmung des menschlichen Greifraums von einem anderen Modell ausgegangen werden, das im folgenden hergeleitet wird.

3.1.3.1 Modelldefinition für die Greifraumbestimmung

Bei der Ermittlung des menschlichen Greifraums wird von einem anthropometrischen Modell ausgegangen, das die geometrischen und kinematischen Eigenschaften des menschlichen Hand-Arm-Systems möglichst exakt wiedergibt (vgl. Bild 10).

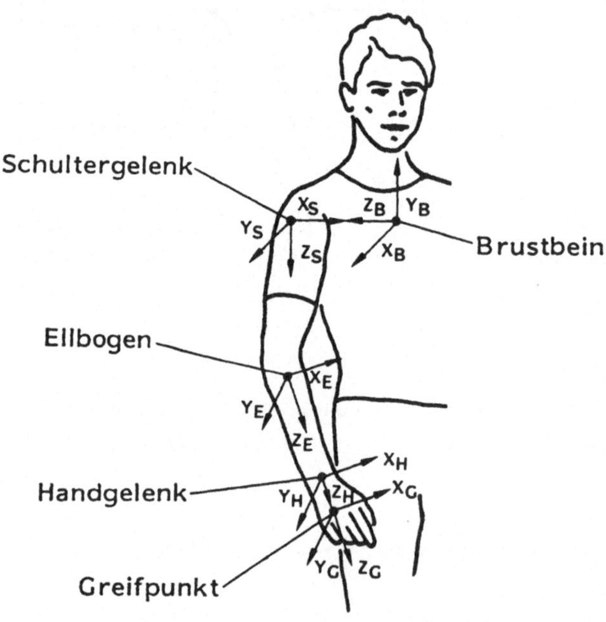

Bild 10: Anthropometrisches Modell des Hand-Arm-Systems

Bei der mathematischen Beschreibung dieses Modells wird der menschliche Arm als offene kinematische Gelenkkette mit 4 Gliedern betrachtet. Die Glieder werden als starre Körper angenommen. Der Schultergürtel bildet das erste Glied und ist mit dem Rumpf durch das Schlüsselbein-Brustbeingelenk verbunden. Die Lage des Schultergelenks gegenüber dem als ortsfest angenommenen Rumpf hängt dann nur von der Lage des Schlüsselbeins ab, so daß der Schultergürtel bei der Modellbildung durch das Schlüsselbein ersetzt werden kann. Der Oberarm bildet das zweite und der Unterarm das dritte Glied der kinematischen Gelenkkette. Die Hand wird zusammen mit den Fingern als ein Glied betrachtet und bildet das Endglied der Gelenkkette.

Die Gelenke zwischen den einzelnen Gliedern werden als ideal, das heißt als starr und reibungsfrei angenommen. Weiterhin wird davon ausgegangen, daß alle Drehungen in den Gelenken um den gemeinsamen Gelenkmittelpunkt - also einen konstanten Drehpunkt - durchgeführt werden. Damit beschreibt der Endpunkt eines jeden Gliedes bei seiner Bewegung einen Kugelausschnitt, dessen Radius gleich der Länge des Gliedes ist, und der auch zu einem Kreissegment degenerieren kann. Der maximale Greifraum des Hand-Arm-Systems ergibt sich dann aus der kinematischen Überlagerung aller möglichen Gelenkbewegungen unter Ausnutzung der in Bild 11 dargestellten Bewegungsräume der Gelenke.

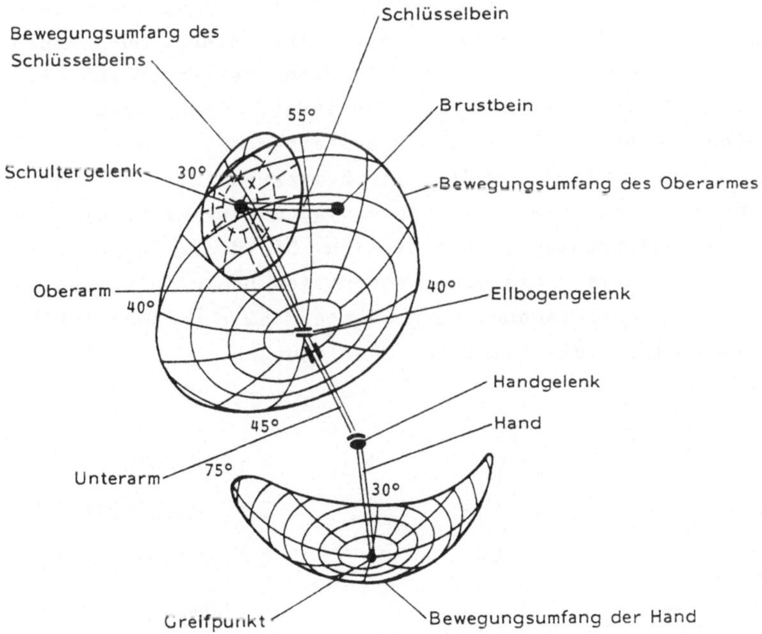

Bild 11: Geometrie des Hand-Arm-Systems und Bewegungsumfänge der Gelenke

Zur Darstellung des Greifraums benötigt man eine analytische oder eine numerische Beschreibung der Greifraumgrenzen, das heißt eine Beschreibung mehrerer gekrümmter Flächen im Raum. Bis heute ist jedoch keine analytische Methode bekannt, die den exakten Verlauf der Arbeitsraumgrenzen einer allgemeinen kinematischen Gelenkkette mit beschränktem Bewegungsraum der Gelenke beschreiben könnte /36/. Die Möglichkeit der numerischen Approximation der gesuchten Flächen durch inkrementweise Variation aller Gelenkwinkel übersteigt, bei dem hier betrachteten Hand-Arm-System mit 10 Freiheitsgraden (d.h. 10 zu variierende Gelenkwinkel), bei weitem die Möglichkeiten moderner Arbeitsplatzrechner. Zur expliziten Ermittlung der Greifraumgrenzen aus den errechneten Raumpunkten, wäre darüber hinaus ein Einsatz weiterer komplexer Algorithmen erforderlich. Da bei der Arbeitsraumgestaltung eine Beschreibung des physiologisch sinnvollen Greifraums benötigt wird, der eine Teilmenge des anatomisch maximalen Greifraums darstellt, können an dem beschriebenen Modell einige Vereinfachungen durchgeführt werden, die zu einer hinreichend genauen Darstellung des physiologisch maximalen Greifraums führen. Zunächst wird von einem starren Schultergürtel ausgegangen, also von einer festen Position des Schultergelenks. Damit entfallen mit dem ersten Glied die drei Freiheitsgrade des Schlüsselbein-Brustbeingelenks. Diese Vernachlässigung verringert die Komplexität der Greifraumgestalt erheblich. Die Größe des Greifraums wird dadurch allerdings nicht wesentlich beeinflußt. Daß der durch diese Vereinfachung verursachte Fehler vernachlässigt werden kann, zeigen die folgenden Überlegungen.

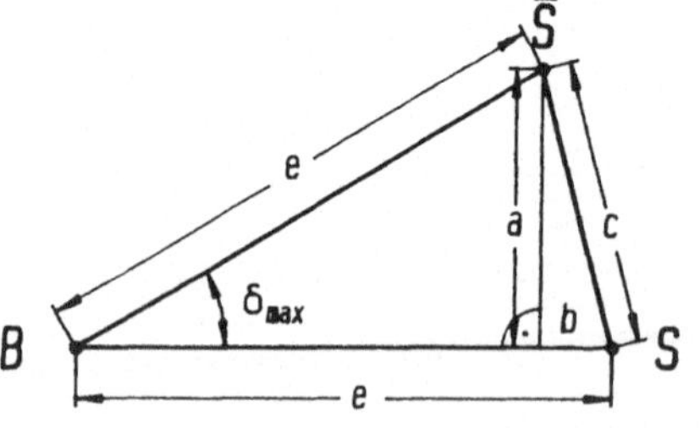

B = Brustbeingelenk

S = Schultergelenk (Mittellage)

$\bar{S}$ = Schultergelenk (Grenzlage)

e = Länge des Schlüsselbeins

δ_{max} = max. Öffnungswinkel

Bild 12: Maximale Verschiebungen des Schultergelenkpunktes

Betrachtet man die in Bild 12 dargestellten maximalen Auslenkungen des Schlüsselbeins mit der Länge d im Schlüsselbein-Brustbeingelenk B um den Winkel δ_{max}, so ergibt sich c als maximale Verschiebung des Schultergelenks von Position S nach $\overline{S}$. Der Wert von δ_{max} beträgt etwa 30°. Die Länge des Schlüsselbeins d beträgt für das fünfzigste Percentil ca. 20 cm. Daraus ergibt sich für die maximale Verschiebung

$$c = e \cdot \sqrt{2 \cdot (1 - cos\delta_{max})}$$

mit e = 20 cm und δ_{max} = 30° erhält man für c = 10,35 cm.

In der Praxis überlagern sich diesen Verschiebungen der Schultergelenke Variationen der Schulterposition durch unbestimmte Veränderungen der Sitzhaltung.

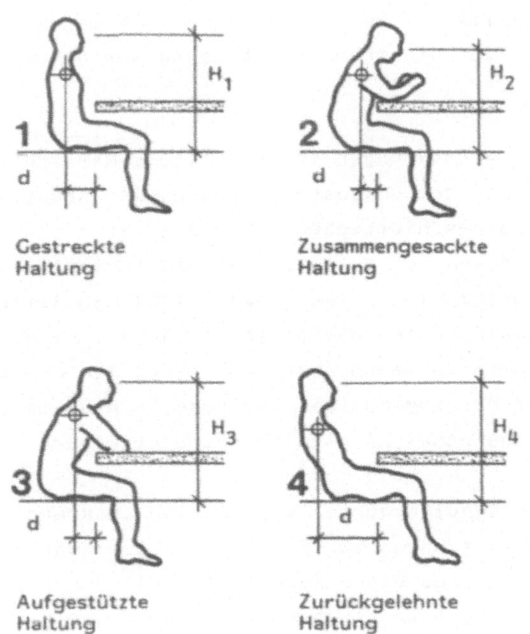

Bild 13: Darstellung verschiedener Sitzhaltungen

Der Abstand der Schultergelenke von der Arbeitsflächenvorderkante beim Sitzen hängt genau wie die Schulterhöhe nach /13/ von der Körperhaltung ab. Beim Montieren kleiner Teile im Sitzen ist die zusammengesackte Haltung (Bild 13) mit freibewegten Armen die in der Praxis erwünschte, im Einzelfalle wird jedoch jeder Mensch die ihm genehme Haltung einnehmen. Man kann daher für den Abstand d der Schultergelenke von der Tischvorderkante nur einen ungefähren Wert angeben, der nach /59/ im Bereich von 100 - 200 mm liegt. Für die Modellberechnungen war d in diesem Intervall frei wählbar. Damit bleibt bei Veränderungen der Sitzhaltung die Position des Schultergelenks um dieselbe Größenordnung unbestimmt, in der auch die Bewegungen der Schulter durch das Schlüsselbein liegen. Vernachlässigt man also die Bewegungen des Schlüsselbeins, so erhält man dadurch eine Toleranzreserve für Abweichungen der Sitzhaltung gegenüber dem angegebenen Wert für den Ab- Abstand der Schultern von der Tischvorderkante. Analog dazu liegt in der klassischen Ergonomie der wesentliche Unterschied zwischen dem anatomisch maximalen und dem physiologisch maximalen Greifraum ebenfalls in der Nichtberücksichtigung der Schulterbewegungen.

Weitere Modell-Vereinfachungen zur Ermittlung der Greifraumgrenzen ergeben sich aus dem Gegenstandsbereich der Arbeitsraumgestaltung. Dafür ist es hinreichend, nur den Verlauf der Greifraumgrenzen im Inneren des maximalen Arbeitsraums zu kennen. Weiter kann davon ausgegangen werden, daß mit beiden Armen gearbeitet wird. Das Einsatzgebiet bleibt in der Regel auf die entsprechende Arbeitsraumseite beschränkt. Für jeden Arm muß also nur der Greifraum auf der zugehörigen Körperseite bis hin zur Medianebene (Symmetrieebene des Körpers) betrachtet werden.

Bei einem starren Schultergürtel ergibt sich zusammen mit allen angegebenen Voraussetzungen für die äußeren Greifraumgrenzen jeweils ein Ausschnitt aus einer Kugelfläche mit dem Radius R_p (vgl. Bild 14). Diese Kugelflächen werden bei ausgestreckten Armen erreicht. Ein Einknicken der Ellenbogen verkürzt lediglich den Radius. Dies kann erst dann die Form der Außengrenzen beeinflußen, wenn sich ein Schultergelenk an seiner Bewegungsgrenze befindet. Dies tritt innerhalb des betrachteten Arbeitraums nicht ein, da der menschliche Oberarm um etwa 45° nach hinten und um über 45° vor dem Körper auf die gegenüberliegende Seite ausgelenkt werden kann. Diese Beweglichkeit in den Schultergelenken gewährleistet, zusammen mit der Möglichkeit die Ellenbogen sehr weit einzuknicken, daß jeder Punkt des Arbeitsraums der innerhalb der Kugelschalen der Greifraumgrenzen liegt, erreicht werden kann. Damit ist der für die Arbeitsplatzgestaltung relevante Teil des physiologisch maximalen Greifraums ermittelt. Er hängt nur noch vom Radius R_p und dem Abstand d der Schulter von der Tischvorderkante ab, da die Grenzwerte der Winkel α und τ (siehe Bild 14) jeweils mit 0° und 90° konstant sind.

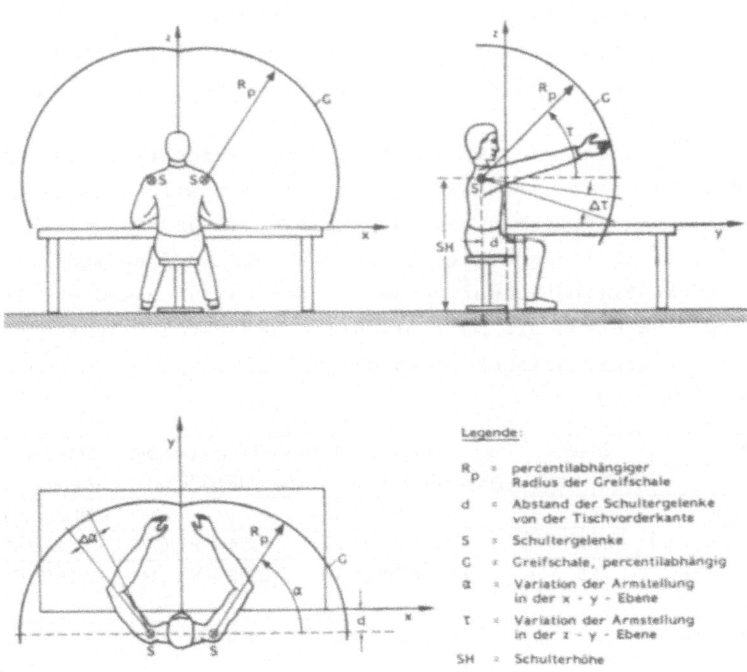

Bild 14: Der menschliche Greifraum als Kugelfläche mit percentilabhängigem Radius

Einfluß auf die Größe des Greifraums haben das Geschlecht und die Körperhaltung des arbeitenden Menschen, die Höhe der benutzten Sitzfäche und die Höhe der Arbeitsfläche, der Abstand der Schultergelenke von der Arbeitsflächen-Vorderkante sowie verschiedene Körpermaße nach DIN 33402 /56/, wobei die Armlänge durch Kombination der Maße Körpertiefe und Reichweite ausreichend genau bestimmt werden kann.

3.1.3.2 Percentilabhängige Berechnung des Greifraums

Zur Berechnung des Greifraums wurden die Maße

- Schulterhöhe im Stehen,
- Schulterhöhe im Sitzen,
- Schulterbreite zwischen den Agromien,
- Armlänge (entspricht der Reichweite nach vorne -[½ * Körpertiefe] stehend)

nach DIN 33402, Teil 1 /56/ benutzt, deren Percentilabhängigkeit durch Bildung des arithmetischen Mittels über alle Altersgruppen zwischen 16 und 65 Jahren bei Männern bzw. 16 und 60 Jahren bei Frauen und durch lineare Regression über die Angaben zum 5., 50. und 95. Percentil berechnet wurde. In der untenstehenden Tabelle 4 wird dies durch die Multiplikation des Percentils P mit der Steigung der Reggressionsgeraden dargestellt.

Größe	**Maß DIN 33402**	**Berechnungsformel (männlich) [mm]**	**Berechnungsformel (weiblich) [mm]**	**Standard-abweichung**
Reichweite	1.1	$657 + P \cdot 1.3333$	$610 + P \cdot 1.489$	0.9998/0.9994
Körpertiefe	1.2	$229 + P \cdot 0.8333$	$220 + P \cdot 1.0777$	0.9976/0.9923
Schulterhöhe im Stehen	1.6	$1336 + P \cdot 2.2444$	$1242 + P \cdot 2.1444$	0.9999/0.9998
Schulterhöhe im Sitzen	2.3	$556 + P \cdot 1.0667$	$531 + P \cdot 1.1333$	0.9999/0.9999
Schulterbreite	1.10	$356 + P \cdot 0.7444$	$317 + P \cdot 0.7369$	0.9997/0.9998
Armlänge (R_p)	1.1 -(1.2)/2	$543 + P \cdot 0.9111$	$497 + P \cdot 0.989$	0.9984/0.9990

Tabelle 4: Percentilabhängige Dimensionierung des Greifraums

3.1.3.3 Berechnung des Greifraums als Raumnetz

Variiert man getrennt für den rechten und den linken Arm bei fester Armlänge R die Winkel α und τ (vgl. dazu Bild 14) innerhalb der Intervalle $[\alpha_{min},\alpha_{max}]$ und $[\tau_{min},\tau_{max}]$ mit den Inkrementen α und τ und berechnet zu jedem Wertetripel (α_i,τ_i,R) den entsprechenden Raumpunkt RP_i, so entsteht ein Raumnetz von Punkten RP_i, wenn man orthogonal benachbarte Punkte miteinander verbindet. Das Raumnetz repräsentiert damit den Verlauf des menschlichen Greifraums im Bereich $[\alpha_{min}, \alpha_{max}]$ und $[\tau_{min},\tau_{max}]$. Bild 15 zeigt den so ermittelten Greifraum als Raumnetz in drei verschiedenen Ansichten.

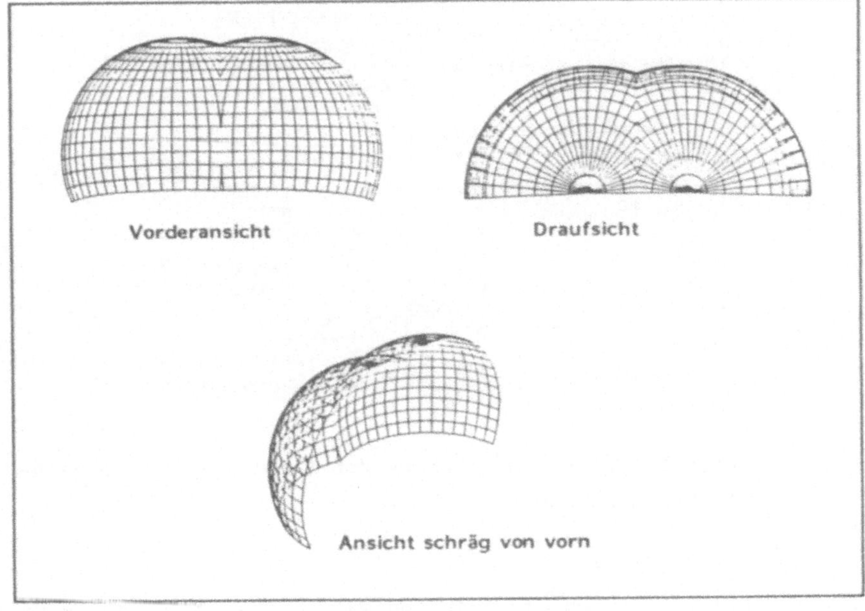

Bild 15: Verschiedene Ansichten der Greifschale

In Bild 16 wird die rechnerunterstützte Vorgehensweise bei der percentilabhängigen Berechnung und Darstellung des menschlichen Greifraums wiedergegeben. Dabei ist es möglich im Dialog Angaben, z.B. zur Größe oder zum Geschlecht des Ausführenden, zur Tisch- oder Sitzhöhe, einzugeben. Bei fehlenden Daten werden Standard-Percentile verwendet, sonst wird mit den in Tabelle 4 ermittelten Zusammenhängen gerechnet. Als Ergebnis erhält man die Daten des jeweiligen Greifraums, der graphisch dargestellt und in die Arbeitsumgebung eingeblendet werden kann (siehe Bild 16).

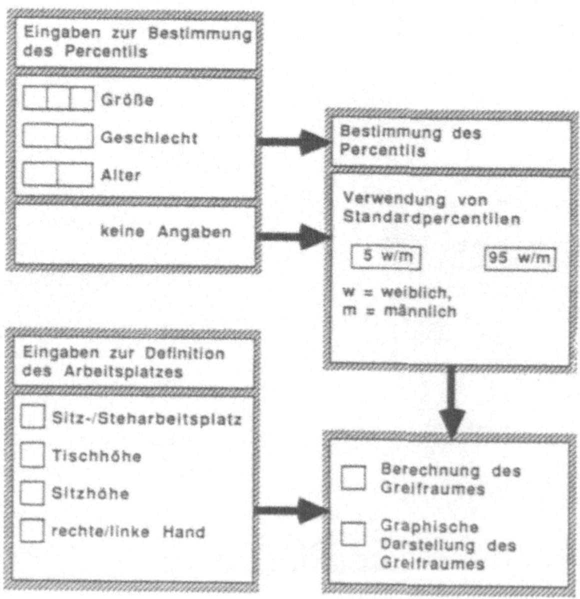

Bild 16: Ablauf der percentilabhängigen Ermittlung des menschlichen Greifraums

3.1.4 Einbettung des Greifraummodells in das Arbeitsraummodell

Um das erzeugte Greifraummodell, also das Raumnetz in das Arbeitsraummodell einzubetten, muß jeder Punkt RP des Raumnetzes

mit Hilfe der in Kapitel 3.1.2 beschriebenen Transformation T in das Raumraster übertragen, einem Rasterelement zugeordnet und das entsprechende Rasterelement als Greifraumgrenze identifiziert werden (Bild 17).
Dabei ist zu beachten, daß der Abstand zwischen zwei Netzpunkten nicht größer ist, als die Kantenlänge eines Rasterelements im Greifraummodell, damit keine undefinierten Lücken im Raumraster entstehen. Liegen zwei Netzpunkte so nahe beieinander, daß bei der Übertragung in das Raumraster dasselbe Rasterelement zweimal angesprochen wird, so wird die zweite Identifikation ignoriert.

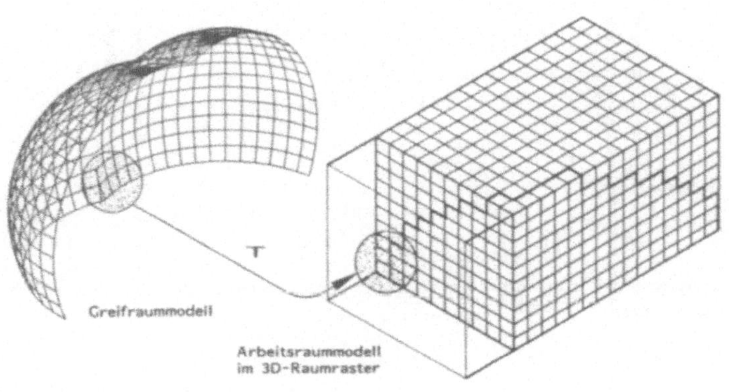

Bild 17: Einbettung des Greifraummodells in das Arbeitsraummodell

3.1.4.1 Plazierung von Arbeitsplatzelementen im Arbeitsraum

Ist die genaue Position und die Orientierung eines beliebigen Objekts im Arbeitsraum bekannt oder vorgegeben, kann dieses Objekt analog zu dem in Bild 18 dargestellten Ablauf in das Arbeitsraummodell übertragen werden. Dabei wird das betreffende Objekt mit einem orthogonalen Umhüllungsquader umschlossen, dessen Kantenlänge ein Vielfaches der Rasterelementkantenlänge des Arbeitsraummodells ist. Zur Plazierung des Objektes wird der gesamte Umhüllungsquader als definierte Menge von Raumrastern mit der Eigenschaft "Element des Objekts" oder "Nichtelement des Objekts" durch Identifikation eines einzigen Rasters (z.B. linke untere Ecke des Umhüllungsquaders auf Position x,y,z plazieren) in das Arbeitsraummodell übertragen.

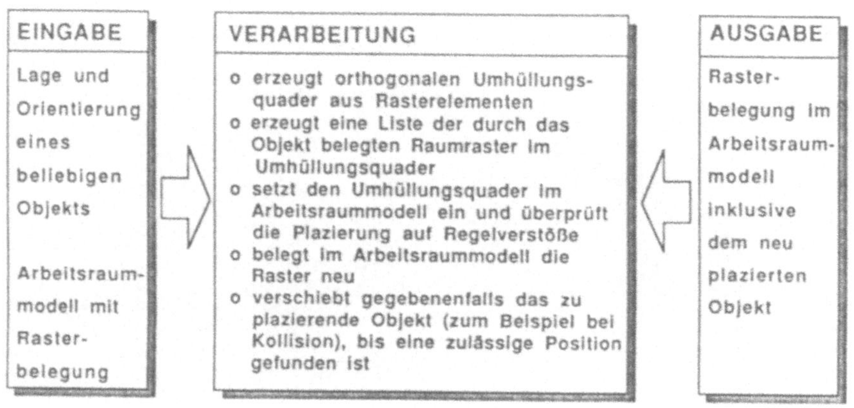

Bild 18: Schematische Plazierung von Objekten im Arbeitsraummodell

Dabei werden die Eigenschaften jedes einzelnen übertragenen Rasters des Umhüllungsquaders mit den Eigenschaften des korrespondierenden Arbeitsraumrasterelements verglichen und, soweit keine Regelverletzung erkannt wird, letzteres mit den neuen Eigenschaften des übertragenen Rasterelements belegt. Ein Regelverstoß könnte z.B. auftreten, wenn bei der Plazierung eines Objekts physikalisch bereits belegte Rasterelemente des Arbeitsraums mit der Eigenschaft "Element des Objekts" belegt werden sollen. In diesem Fall findet eine Kollision zweier Objekte statt. Bei Regelverstößen wird versucht, durch Verschieben des Umhüllungsquaders die vorgegebene Plazierungsposition zu korrigieren und eine zulässige Position in der unmittelbaren Nachbarschaft zu finden. Bild 19 verdeutlicht die Vorgehensweise bei der Plazierung eines Objekts im Arbeitsraummodell.

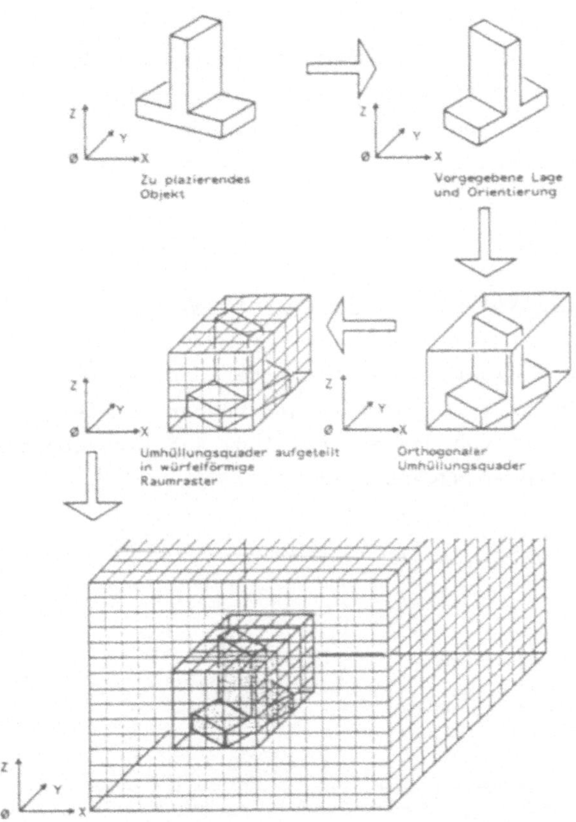

Bild 19: Plazierung eines Objekts im Arbeitsraummodell

3.1.4.2 Vereinfachte Plazierung von Objekten

Die exakte Plazierung von Objekten erfordert umfangreiche numerische Operationen. Für größere numerische Berechnungen sind Sprachen der künstlichen Intelligenz (z.B. LISP oder PROLOG) normalerweise nicht geeignet. Will man die Plazierung von Arbeitsplatzelementen mit Hilfe wissensbasierter Komponenten durchführen, so muß demnach dafür gesorgt werden, daß aufwendige Rechengänge von vor- oder nachgeschalteten konventionellen Programmen übernommen werden. Um dies zu erreichen, unterteilt man den Planungsvorgang in zwei Schritte:

- grobe Plazierung der Arbeitsplatzelemente durch einen wissensbasierten Programmteil mit Hilfe eines zusätzlichen qualitativen Modells des Arbeitsraums;
- Feinplazierung der Objekte im quantitativen Arbeitsraummodell.

3.1.5 Qualitatives 3D-Arbeitsraummodell

Für den Einsatz eines wissensbasierten Programms, mit dem erste Anordnungsvorschläge erzeugt werden können, bietet es sich an, von der quantitativen Rastereinteilung auf eine qualitative Rastereinteilung überzugehen (Bild 20).

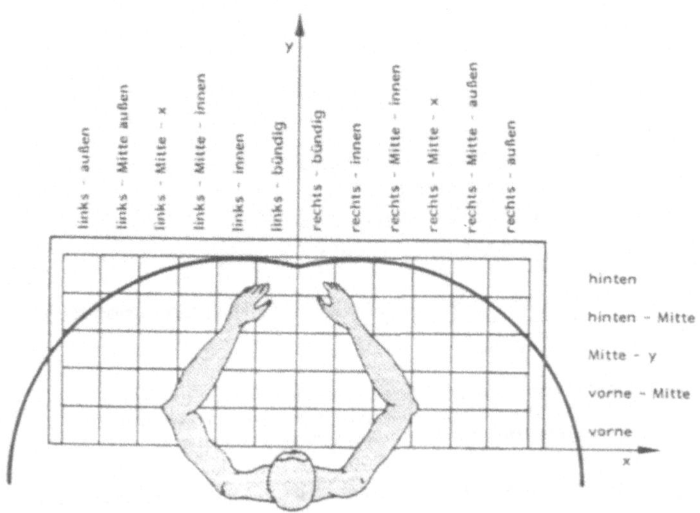

Bild 20: Qualitatives Raster des Arbeitsraums

Eine solche qualitative Rasterbeschreibung in der dargestellten Weise reduziert die Gesamtzahl der zu verwaltenden Raster auf etwa 250 und beschleunigt damit eine erste grobe Anordnung der Arbeitselemente. Man kann z.B. bei der Werkzeugbereitstellung auf komplizierte Anordnungs- und Plazierungsvorschriften oder auch auf die Unterscheidung verschiedener Werkzeugtypen verzichten und diese Vorschriften in Form einer Eigenschaftsliste jedem Werkzeug individuell zuordnen. Die mit der Plazierung des Werkzeugs verbundene Belegung (Verbrauch) von qualitativen Raumrastern wird ebenfalls in der Eigenschaftsliste geführt und ist damit jederzeit verfügbar. In der untenstehenden Tabelle 5 sind anhand von typischen Beispielen von Werkzeugen an manuellen Arbeitsplätzen Eigenschaftslisten und entsprechender Rasterverbrauch aufgeführt.

Werkzeug:	Schrauber	Parallelstativ	Hammerablage
Beispiel	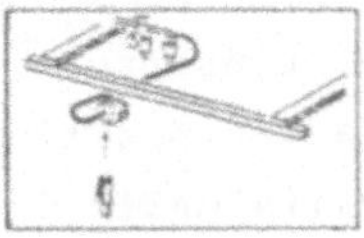	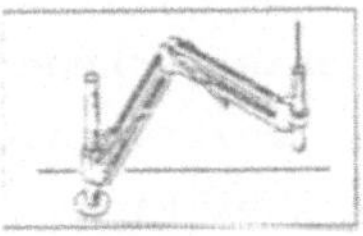	
Positionierung innerhalb des Greifraums			
X-Position	abhängig vom Einsatzort	abh. vom Einsatzort außen Mitte-außen	Mitte-außen außen Mitte
Y-Position	abhängig vom Einsatzort	hinten Mitte-hinten Mitte	Mitte Mitte-vorn vorn Mitte-hinten
Z-Position	Mitte-oben	unten	unten
Rasterverbrauch			
X-Richtung	1	3	2
Y-Richtung	1	4	2
Z-Richtung	3	3	1

Tabelle 5: Beispiele von Eigenschaftslisten

Eigenschaften, z.B. Positionierungsvorschriften, die vom Einsatzort des Werkzeugs abhängen, müssen bereits im Vorfeld der Werkzeuganordnung festgestellt (z.B. aus der Beschreibung der Montageaufgabe) und in die Eigenschaftsliste des ausgewählten, aber noch nicht positionierten Werkzeugs eingetragen werden. Da sich die Gesamtzahl der benötigten Werkzeuge am Arbeitsplatz in der Regel auf einige wenige beschränken wird, ist es durchaus möglich, mit diesem qualitativen Raster zu arbeiten. Sollte der Fall auftreten, daß die wissensbasierte Komponente nicht mehr in der Lage ist, weitere Werkzeuge entsprechend ihrer Plazierungsvorschriften am Arbeitsplatz unterzubringen, obwohl dies erforderlich wäre, so muß exakt berechnet werden, ob und wo noch Raum für die Plazierung dieser Werkzeuge zur Verfügung steht.

3.1.6 2D-Arbeitsraummodell

Teilebehälter nehmen unter allen Systemelementen, die an einem manuellen Arbeitsplatz benötigt werden, eine Sonderstellung ein. Sie müssen nicht nur entsprechend dem Einsatzort und der Art des Gewichts ihres Inhalts relativ zueinander positioniert werden, sondern sie müssen darüber hinaus greifgünstig innerhalb des Auslegungsgreifraums angeordnet werden. Schließt man Sonderfälle aus und geht davon aus, daß Teilebehälter nur übereinander und nebeneinander, nicht aber hintereinander aufgestellt werden, so kann das 3D-Anordnungsproblem mit Hilfe einer geeigneten Projektion des 3D-Arbeitsraummodells auf ein 2D-Modell, auf ein 2D-Anordnungsproblem reduziert werden. Dabei ist zu beachten, daß bei der Plazierung von Teilebehältern im 2D-Arbeitsraummodell ein der Teilebehältertiefe entsprechender Platz senkrecht zur Greifschale zur Verfügung steht (Bild 21).

Nach Abschluß der Teilebehälteranordnung wird das gesamte 2D-Arbeitsraummodell zurück in das 3D-Arbeitsraummodell übertragen, damit dort überprüft werden kann, ob Regelverstöße (z.B.Kollisionen) aufgetreten sind. Nach /13/ geht man bei der Plazierung von Teilebehältern davon aus, daß diese genau dann richtig positioniert sind, wenn sie sich innerhalb des 'größeren Nutzungsbe-

reichs der Hände' befinden, möglichst kurze Greifwege implizieren (also möglichst nahe am Arbeitszentrum stehen), und wenn sie darüber hinaus innerhalb des aus dem Teilegewicht und der Zugriffshäufigkeit sich ergebenden zulässigen Bereichs liegen /59/. Dabei wird der Zielkonflikt bei der Anordnung von Teilebehältern am manuellen Arbeitsplatz deutlich:
Einerseits sollen aus ergonomischen Gründen die Teilebehälter möglichst zentral, d.h. in einer 'erweiterten Zentralzone', in der 'Einhandzone' bis hin zur 'erweiterten Einhandzone' je nach Inhalt, bereitgestellt werden; andererseits muß aber aus Wirtschaftlichkeitsgründen versucht werden, möglichst alle benötigten Teilebehälter auf dem Tisch zu plazieren. Daraus ergeben sich zwei Feststellungen:

- Eine maximale Ausnutzung des zur Verfügung stehenden Raums ist dann gewährleistet, wenn die Teilebehälter entlang des physiologisch maximalen Greifraums (entsprechend dem Auslegungspercentil) angeordnet werden.

- Sofern genügend Platz vorhanden ist, sollten die Teilebehälter auf einer möglichst weit nach innen verschobenen Greifschale, die parallel zur Grenze des maximalen physiologischen Greifraums verläuft, positioniert werden unter Berücksichtigung der verschiedenen Greifraumzonen, (z.B. einer Greifschale, die mit einer Armlänge von etwa 50-90% der maximalen Armlänge berechnet wird).

3.1.7 Qualitative Plazierung von Objekten

Die aktuelle "Arbeitsgreifschale" enthält einen Ausschnitt des maximalen physiologischen Greifraums, je nach Zahl der zu positionierenden Teilebehälter. Die Arbeitsgreifschale wird, beginnend bei ca. 50% des maximalen physiologischen Greifraums, sukzessive vergrößert, bis die kleinste Greifschale gefunden ist, auf der alle Teilebehälter plaziert werden können und die innerhalb des geforderten Auslegungspercentils liegt.
Das Raumnetz, das die aktuelle Arbeitsgreifschale repräsentiert,

kann durch eine geeignete Abbildung auf eine ebene Fläche projiziert werden, bei der jedes Rasterelement einem definierten Ausschnitt des 3D-Raumnetzes in der s-z-Projektion entspricht (vgl. Bild 21).

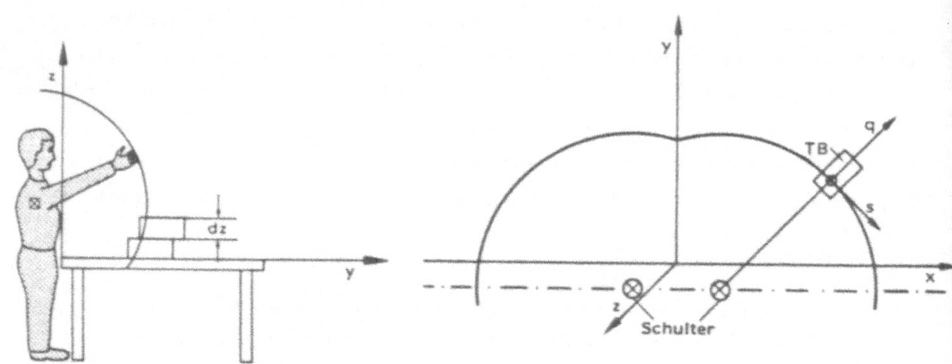

Bild 21: Plazierung der Teilebehälter in verschiedenen Ansichten

Die Teilebehälter werden im zweidimensionalen Modell der Greifschale, also mit der Front in der s-z-Ebene und Teilebehältertiefe in q-Richtung plaziert (Bild 22).

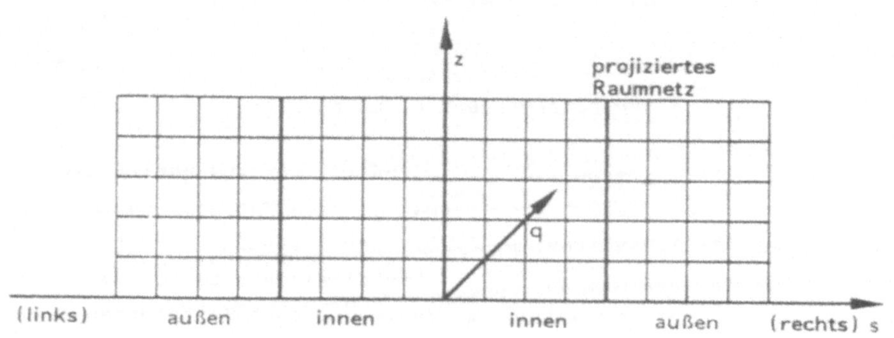

Bild 22: Das projizierte 2D-Modell der Greifschale

Die Abbildungsfunktion wird bestimmt von der gewünschten Rastergröße im projizierten zweidimensionalen Modell der Greifschale. An die wissensbasierte Komponente selbst werden keine absoluten Raster- und Behältergrößen übergeben, sondern lediglich die Zahl der Raster in s- und z-Richtung, der Rasterverbrauch der zu plazierenden Teilebehälter in Form einer Datenliste, sowie eine Vorbelegung der Raster im Modell, z.B. durch die Eigenschaften "Sperrfläche" oder "physikalisch belegt".

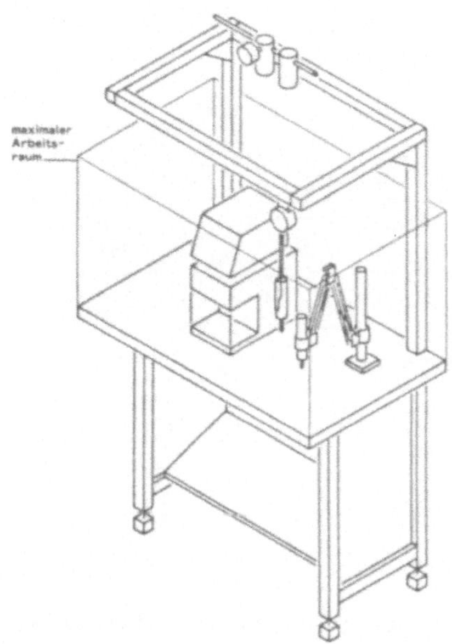

Bild 23: Anordnungsbeispiel zur Rastervergabe im 2D-Greifraummodell

Mit der Vorgabe von physikalisch belegten Rastern und Sperräumen (vgl. Bild 23) sowie unzulässiger Randbereiche für die Teilebehälteranordnung, kann ein Modell einer Greifschale an den wissensbasierten Programmteil zur Anordnung der Teilebehälter übergeben werden. Die zu plazierenden Teilebehälter werden relativ zueinander angeordnet, und der damit verbundene Rasterverbrauch wird protokolliert. Sind alle freien Raster belegt oder gesperrt, muß, sofern möglich, die nächst größere noch zulässige Greifschale bereitgestellt werden, oder es müssen Teilebehälter neben dem

Arbeitstisch, d.h. auf dem Boden mit Hilfe geeigneter Stapelmittel plaziert werden. Bild 24 zeigt das Layout eines Arbeitsplatzes mit eingeblendetem Greifraum.

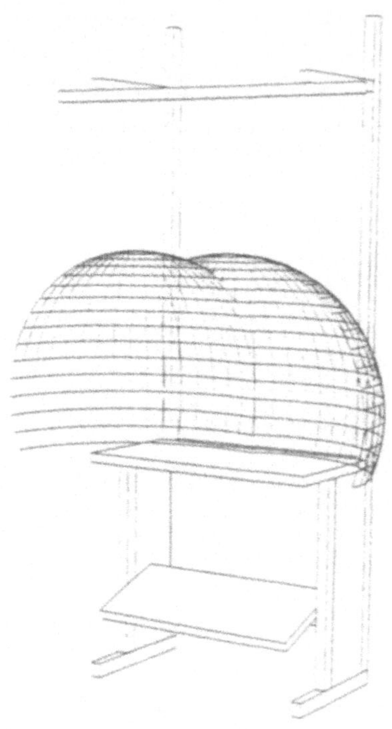

Bild 24: Layout eines manuellen Arbeitsplatzes mit eingeblendetem Greifraum

Im folgenden Abschnitt wird die Vorgehensweise zur wissensbasierten Anordnung der Teilebehälter an einem manuellen Montagearbeitsplatz entwickelt. Diese Komponente soll dem Planer, auf der Grundlage der Arbeits- und Greifraummodelle, Vorschläge für die Anordnung von Teilebehältern machen, die dieser interaktiv weiterverarbeiten kann.

3.2 Anordnung von Teilebehältern

Bei der Planung und Gestaltung manueller und automatischer Montageplätze ist in einem wichtigen Arbeitsschritt das Problem zu lösen, die am Arbeitsplatz/an der Arbeitsstation benötigten Teilebehälter im Greifraum richtig anzuordnen. Dabei sind die Geometrie der zu montierenden Teile, die Kombinierbarkeit einzelner Behälter, Sperr-Räume innerhalb des Greifraums, die nicht mit Teilebehältern belegt werden dürfen, und die Einbeziehung der Montagefolge zu beachten. Es hat sich gezeigt, daß viele Regeln, die zu einer vernünftigen Anordnung der Teilebehälter führen, nicht algorithmierbar und damit auch nicht im klassischen Sinne programmierbar sind. Beispiele von Regeln oder Vorschriften, die bei der Anordnung von Teilebehältern an manuellen Montagearbeitsplätzen beachtet werden sollten, wären:

- Teilebehälter so anordnen, daß die Teile nachrutschen;
- Teilebehälter so anordnen, daß die Teile leicht entnommen werden können;
- Teilebehälter so dimensionieren, daß die Bevorratung in allen Behältern gleich ist.

Eine solche Art von Regeln impliziert keine eindeutigen Anweisungen und oft ist die Ausführung dieser Regeln vom subjektiven Wissen des einzelnen Planers geprägt. In den nächsten Abschnitten wird nun ausgeführt, wie, nach einer Charakterisierung der benötigten Teilebehälter, wissensbasierte Anordnungsvorschläge in Arbeits- und Greifraummodellen verarbeitet werden und zu Lösungen des Anordnungsproblems der Teilebehälter führen.

3.2.1 Bestimmung der Teilebehälter

Bei der Auswahl und Anordnung von Teilebehältern oder Greifbehältern sind die am Markt angebotenen Behälterarten zu beachten. Da es jedoch für das eigentliche Anordnungsproblem keine Rolle spielt, ob der verwendete Teilebehälter von der Firma A oder der

Firma B angeboten wird, wurde eine Klassenbildung über die Größe der Behälter vorgenommen. Dabei wurden die Teilebehälter in 10 Größenklassen eingeteilt, da die Größe der Behälter ein wichtiges Suchkriterium darstellt. In jeder Größenklasse können dann wieder in ihrer Form unterschiedliche Teilebehälter wie

- Paletten/Gitterboxen,
- Sichtlagerkästen,
- Greifsichtbehälter,
- Greifzungenbehälter,
- Sonderbehälter

untergebracht sein.

Eine ähnliche Charakterisierung wie bei den Teilebehältern ist, in allerdings sehr viel allgemeinerer Form, bei den zu montierenden Teilen notwendig (vgl. Bild 25).

Modell	Klassifizierung von Montageteilen	Modell	Klassifizierung von Montageteilen
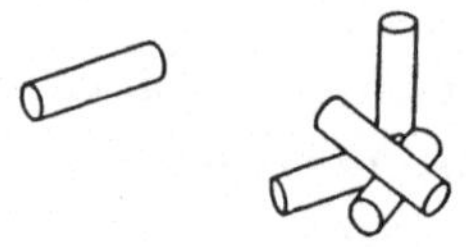	1. zylinderförmig - Schrauben - Bolzen - Nieten - Hülsen - ___	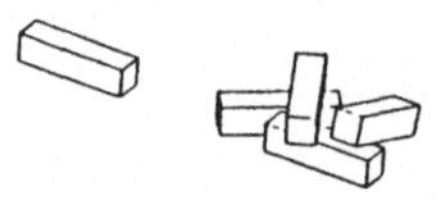	3. block/würfel-förmig - Gehäuse - Quader - Würfel - ___
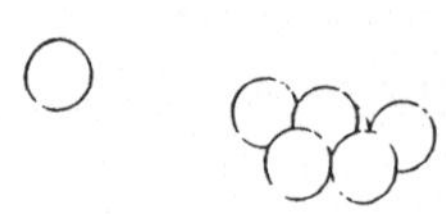	2. kugelförmig - Wälzkörper - Kugeln - Knöpfe - ___	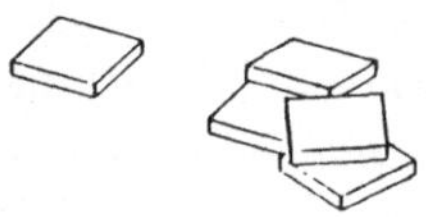	4. plattenförmig - Bleche - Unterlegscheiben - Platten - ___

Bild 25: Verhaltensgruppen von Montageteilen

Entsprechend ihrer Funktion und ihrer Verwendung wurden die zu montierenden Teile zusätzlich in die Gruppen

- Basisteile,
- Einbauteile und Baugruppen,

- Verbindungsteile,
- Hilfs- und Betriebsstoffe

einordnet. Mit Hilfe dieser Einordnung sind Rückschlüsse auf die Art der Teilebereitstellung möglich. Im unten stehenden Bild 26 ist der Gesamtablauf, der zur Teilebehälterauswahl führt, dargestellt.

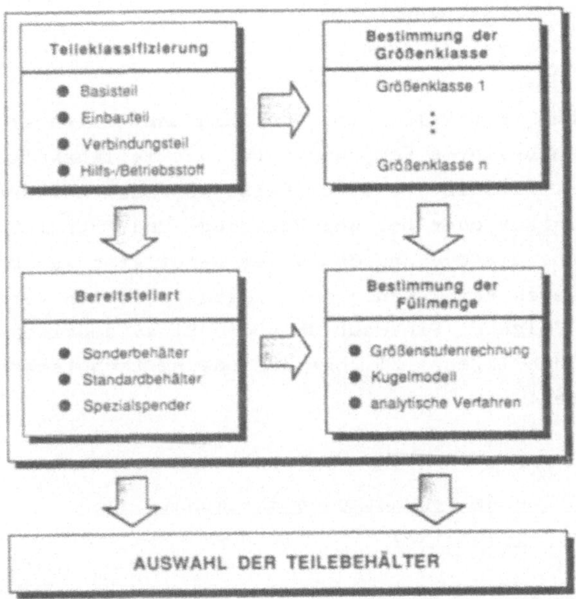

Bild 26: Vorgehensweise bei der Teilebehälterauswahl

Durch die Beschreibung der verschiedenen Teile kann das Füllverhalten ermittelt werden, welches Aufschluß darüber gibt, welche Behälterklasse grundsätzlich für die Bereitstellung in Frage kommt.

Daten der anderen wichtigen Montagesystemelemente am manuellen Arbeitsplatz, wie

- Arbeitstisch,
- Tischzubehör,
  - Armauflage,
  - Fußstütze,
  - Stapelmittel,
  - Regalaufsätze,
- Arbeitssitz, Stehhilfe,
- Werkzeug- und Energiebereitstellungselemente,
- Verkettungsmittel,
- Werkzeuge,
- Vorrichtungen

wurden nur dann berücksichtigt, wenn ein unmittelbarer Einfluß auf die wissensbasierte Komponente für die Teilebehälteranordnung vorhanden war. Dies ist beispielsweise der Fall bei der Fläche des Arbeitstisches oder bei den Werkzeug- und Energiebereitstellungselementen, die die Anordnung der benötigten Werkzeuge fixieren. Zum besseren Verständnis der wissensbasierten Vorgehensweise soll der nun folgende Einschub über die Einsatzmöglichkeiten der künstlichen Intelligenz (KI) bei der Lösung technischer Planungsaufgaben dienen.

3.2.2 Einbindung von Methoden der künstlichen Intelligenz (KI)

Die künstliche Intelligenz entwickelte sich in den 50er-Jahren, als Computer-Wissenschaftler begannen, mit symbolischer Programmierung Probleme zu lösen. Bereits 1960 wurde das erste LISP-Manual von Mc Carthy /45/ vorgestellt. Neben LISP ist PROLOG /16/ die heute am meisten verwendete Programmiersprache im Bereich der künstlichen Intelligenz. Die wichtigsten Entwicklungsphasen der künstlichen Intelligenz sind in Tabelle 6 aufgeführt. Erst die Entwicklung sehr leistungsfähiger Workstations, die direkt am Arbeitsplatz eingesetzt werden können, ermöglicht es heute, wissensbasierte Programme in Verbindung mit konventionellen Programmen bei der Lösung z.B. technischer Gestaltungsprobleme einzusetzen.

Phase	Wesentliche Ereignisse
Wurzeln der KI (vor 1945)	• Formale Logik • Kognitive Psychologie
Vorläufer der KI (1955 - 1960)	• Entwicklung von Computern • H. Simon : "Administratives Verhalten" • N. Wiener : Kybernetik • A. M. Turing : "Computer und Intelligenz"
Entwicklung von Methoden, Arbeiten zum automatischen Problemlösen (1961 - 1970)	• Newell/Simon : "Human Problem Solving" • LISP 1.5 als Standard für zukünftige LISP-Systeme • Heuristische Verfahren • Robotik • Schachprogramme • DENDRAL (Expertensystem zur Analyse von Massenspektren)
Spezialisierung und Durchbruch der KI (1971 - 1980)	• Expertensysteme : MYCIN(Stanford) HEARSAY II (CMU), MACSYMA (MIT) • Entwicklung von PROLOG • Objektorientierte Programmierung • Knowledge Engineering
Verbreitung und Anwendung der KI (seit 1981)	• Japan : Fifth Generation Projekt • Europa : ESPRIT • Neue Programmierwerkzeuge -Expert System Shells
Einsatz der KI bei technischen Anwendungen (seit 1984)	• Breiter Einsatz von Workstations • Erste Integration von KI-Programmen mit klassischer Programmierung

Tabelle 6: Entwicklung der künstlichen Intelligenz

Wissensbasierte Programme oder Expertensysteme werden dabei zur Lösung von Problemen entwickelt, bei denen die übliche, von Algorithmen geprägte Programmierung versagt, und bei denen wegen ihrer Komplexität die menschliche Problemlösung sehr aufwendig und expertenabhängig wird.

Die prinzipielle Struktur eines wissensbasierten Expertensystems ist in Bild 27 dargestellt /25/. Zentral an diesem Konzept ist eine Wissensbasis, in der neben Fakten auch Schlußregeln (Inferenzen) abgelegt sind. Mittlerweile ist es möglich, für eingegrenzte wohldefinierte Anwendungsbereiche Regelsysteme aufzubauen. Dabei ist jedoch zu beachten, daß diese Systeme, zumindest zur Zeit, keinesfalls den Experten ersetzen können. Da wissensbasierte Systeme heute nur in der Lage sind, einen kleinen Teil des heuristischen Wissens zu bearbeiten, ist bei einem gegenwärtigen industriellen Einsatz dieser Systeme nur an eine expertenunterstützende Funktion zu denken.

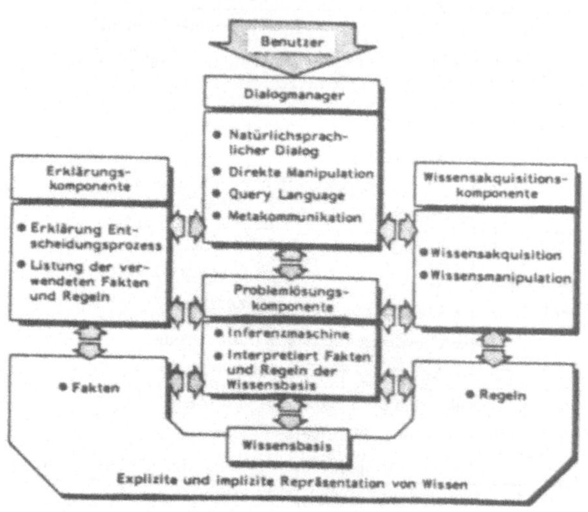

<u>Bild 27:</u> Prinzipieller Aufbau von wissensbasierten Systemen

Auf der klassischen Prädikatenlogik baut die 1972 erstmals vorgestellte Programmiersprache PROLOG (Programming in Logic) auf. PROLOG ist eine Programmiersprache, mit der Probleme, die sich aus bestimmten Objekten und ihren Beziehungen untereinander ergeben, auf eine elegante Art und Weise dargestellt und gelöst werden können. Die Programmierung in PROLOG scheint besonders bei wissensbasierten Systemen im technischen Bereich schnell zum Erfolg zu führen.

Die Teilebehälteranordnung ist ein technisches Konfigurationsproblem. Zur Lösung solcher Probleme mit KI-Methoden wird in der Inferenzmaschine (siehe Bild 27) häufig die Vorwärtsverkettung (forward chaining), das Suchen von der Basis der bekannten Fakten aus zu einem unbekannten Ziel (der Konfiguration) hin, benutzt.

Dies ist z.B. mit der Produktionsregelsprache OPS 5 /8/ möglich. Allerdings läßt der Inferenzmechanismus von OPS 5 kein automatisches Zurücksetzen des Suchprozesses auf einen früheren Zeitpunkt, von dem aus eine Abarbeitung der Regeln in eine andere Richtung erfolgen kann, zu. Die ersten Lösungsversuche der wissensbasierten Teilebehälteranordnung wurden mit OPS 5 unternommen. Dabei stellten sich schnell Schwierigkeiten bei der Kontrolle des Inferenzprozesses ein, da sich die in OPS 5 programmierten Regeln immer nur auf einen statischen Problemkontext, der bekannt sein muß, beziehen. Bei der wissensbasierten Teilebehälteranordnung treten jedoch dynamische Datenveränderungen der Datenbasis auf, die einen anderen Lösungsweg implizieren. Mit Hilfe der Methode des "backtracking" ist es leicht möglich, auf einen zeitlich vorgelagerten Aufsetzpunkt zu kommen und damit eine andere Lösungsalternative zu beschreiten. Da die Möglichkeit des backtracking, die in OPS 5 fehlt, Bestandteil der KI-Sprache PROLOG ist und in PROLOG technische Regelsysteme einfach zu definieren sind, wurde die wissensbasierte Teilebehälteranordnung in dieser Sprache realisiert.

3.2.3 Die Anordnungsprozedur

Ein wissensbasiertes System besteht in seiner einfachsten Form aus einer Wissensbasis (das sind die in einer bestimmten Syntax formulierten Regeln) und einer Inferenzmaschine, die diese Regeln den bekannten Fakten gegenüberstellt, auswählt und zur Ausführung bringt. Ein solches System sollte zur Anordnung von Teilebehältern bei manuellen Montagearbeitsplätzen entwickelt werden. Dabei wurde die folgende Vorgehensweise beschritten. Ausgehend von den Begriffen Raster, Behälter und Behältertyp mußte versucht werden die entsprechenden Fakten zu diesen Begriffen zu repräsentieren. Folgende Definitionen wurden verwendet:

- RASTER (Arbeitsraum, eingeteilt in Quader) mit
  raster([x,y,z, Status, Sicht, Griff, Zone]) und
    x,y = Position im Arbeitsraum (2D);
      z = Tiefe des Rasters;

Status = frei oder Nr. des Behälters, der dieses Raster belegt;
Sicht = einsehbar oder nicht einsehbar von der Augenposition des Bearbeiters aus;
Griff = greifbar oder nicht greifbar vom Bearbeiter aus;
Zone = 1,...,4 in fallender Reihenfolge (Zone1 ist am greifgünstigsten).

- o BEHÄLTER (die zu plazierenden Elemente) mit beh([Nr, Typ, Gewicht, Frequenz, Seite, Ort]) und
  Nr = Identifikation des Behälters;
  Typ = Klassifikation der Behälter;
  Gewicht = Gewicht der enthaltenen Teile (schwer, mittel, leicht);
  Frequenz = Greifhäufigkeit der Teile (oft, mittel, selten);
  Seite = Montageseite (vgl. qualitatives Raster in Bild 20);
  Ort = tatsächliche Montageposition (wenn bekannt).

- o BEHÄLTERTYP (Größenklassen der Behälter) mit typ([Nr, Breite, Höhe, Tiefe)].

Beim Positioniervorgang werden diesen Fakten nun Regeln gegenübergestellt, die Verletzungen von Restriktionen bezüglich Beziehungen zwischen Teilebehältern, Merkmalen der Montageteile, DIN-Normen und Ergonomieanforderungen repräsentieren. In Tabelle 7 sind die zur Teilebehälteranordnung verwendeten Regeln dargestellt.

Im folgenden soll nun auf den Prozeß der wissensbasierten Anordnung von Teilebehältern, auf die unterschiedlichen Formen der Regeln und auf die Implementierung in der KI-Sprache PROLOG eingegangen werden.

Nr	Bedingungen	Folgerung	angehängte Aktion
1	Es gibt schwereren Behälter und für diesen gilt Restriktion Behälter verletzt.	Restriktion Behälter verletzt	
2	Es gibt größeren Behälter.	Restriktion Behälter verletzt	
3	Es gibt öfter benutzten Behälter und für diesen gilt Restriktion Behälter verletzt.	Restriktion Behälter verletzt	
4	Behälter ist zu groß, um auf dem Tisch zu stehen.	Restriktion Behälter verletzt	Information an den Benutzer ausgeben.
5	Seite des Rasters $\neq$ Seite der Montageposition.	Restriktion Raster verletzt	
6	Zu belegende Raster sind nicht frei oder nicht greifbar oder nicht einsehbar.	Restriktion Raster verletzt	
7	Es gibt ein zentraleres freies Raster.	Restriktion Raster verletzt	
8	Platz unter dem Raster nicht belegt oder gemischt belegt.	Restriktion Raster verletzt	
9	Behälter ist einem an einem anderen Platz befindlichen Behälter zugeordnet.	Restriktion Raster verletzt	
10	Ergonomische Grenzwerte sind an diesem Platz überschritten (Größe, Gewicht).	Restriktion Raster verletzt	
11	Raster liegt über Herzhöhe alle anderen Raster belegt.	Restriktion Raster verletzt	Information ausgeben und nachfragen, ob trotzdem positioniert werden soll, oder ob anderer Tisch gewählt werden soll.
12	Anzahl der Behälter > 30.	Behälterzahl zu groß	Informationen ausgeben und Prozeß beenden.
13	Behälter X enthält Teile, die unter Teilen aus Behälter Y bereitgestellt werden müssen.	Behälter X unter Behälter Y	
14	Zur Montage von Teilen aus Behälter X wird Werkzeug W benötigt.	Behälter X muß in die Nähe von Werkzeug W	
15	Alle Behälter sind positioniert.	Ende der Sitzung	Meldung ausgeben und "Belegungsplan" an 3D-Graphik senden

Tabelle 7: Regeln für die wissensbasierte Teilebehälteranordnung

Der Anordnungsprozeß wird interaktiv durch den Benutzer gestartet. Danach durchläuft die Prozedur die folgenden, im unten stehenden Bild 28 dargestellten Schritte:

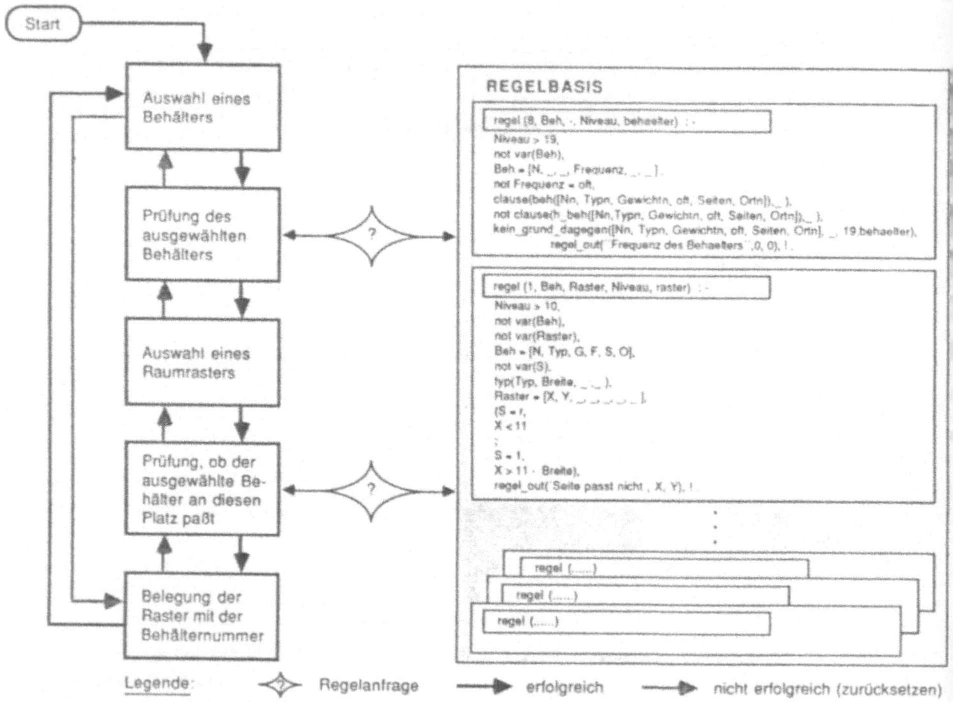

Bild 28: Der Prozeß zur wissensbasierten Plazierung der Teilebehälter

Die Prüfung, ob ein Behälter in das Raumraster paßt, geschieht durch die Abarbeitung von Regeln, die Restriktionsverletzungen repräsentieren. Es ist dabei zu beachten, daß ein Behälter nicht nur ein Raster, sondern, abhängig von seiner Größe, auch mehrere Raster sowohl in horizontaler als auch in vertikaler Richtung belegen kann. Ausgangspunkt ist bei der Positionierung immer ein Raster, das der linken unteren Ecke des Behälters zugeordnet wird. Der Auswahlprozeß wird beendet, wenn alle Behälter positioniert sind oder wenn es keine Möglichkeit gibt, alle Behälter zu positionieren. In diesem Fall müssen andere Voraussetzungen für die Positionierung geschaffen werden (z.B. ein größerer Tisch). Positioniert wird ein Behälter dann, wenn es keine Verletzung von Restriktionen zur Positionierung auf dem gewählten Platz gibt. Plätze, auf denen ein Behälter positioniert werden kann, werden durch Raumraster dargestellt. Raumraster sind gleichmäßige Unterteilungen des zur Verfügung stehenden Greifraums. Die Form und Größe dieser Raster ist direkt abhängig von der Wahl der Behälterart (bei BOSCH-Behältern sind es Rechtecke, deren Kantenlängen immer ein Vielfaches von 4 cm sind). Die Raumraster sind lediglich eine 2D-Darstellung des Greifraums und repräsentieren die Frontflächen der Behälter. Da ein Behälter nicht nur aus seiner Frontfläche besteht, wird eine Anzahl von Tiefenraster für jedes Raumraster mitgeführt. Diese Anzahl der Tiefenraster wird allerdings nur zum Größenabgleich, nicht jedoch zum direkten Positionieren benötigt.

3.2.3.1 Restriktionen und Regeln

Mit dieser Vorgehensweise kann der Positionierprozeß auch ohne das Vorhandensein von Regeln, die Restriktionsverletzungen repräsentieren, ablaufen. Der Positionierwunsch an einer bestimmten Stelle wird dann immer erfüllt, da keine Restriktion verletzt ist. Die Restriktionsverletzungen sind es somit, die das Wissen darstellen, das die Planer beim Positionieren von Teilebehältern einsetzen, um für vorgegebene Anordnungsprobleme Lösungen zu finden.

Die Menge der Restriktionsverletzungen läßt sich in zwei Kategorien unterteilen:

- o Verletzungen bezüglich der Behälterwahl,
- o Verletzungen bezüglich der Rasterwahl.

Ausgewählte Regeln, mit denen Restriktionsverletzungen bezüglich der Behälterauswahl beschrieben werden, sind :

Restriktionsverletzung(1) für Behälter:	Es gibt einen Behälter, der schwerer ist und der keine Restriktion mit niedrigerem Niveau verletzt.
Restriktionsverletzung(2) für Behälter:	Es gibt einen Behälter, der größer ist und der noch nicht plaziert wurde.
Restriktionsverletzung(3) für Behälter:	Es gibt einen Behälter, der öfter benutzt wird und der keine Restriktion mit niedrigerem Niveau verletzt.
Restriktionsverletzung(4) für Behälter:	Es gibt einen Behälter, über den mehr Informationen vorhanden sind und der keine Restriktionen mit niedrigerem Niveau verletzt.

Man sieht hierbei, daß Restriktionsverletzungen durchaus noch intern reglementiert sind. In manchen Fällen liegt zwar keine Restriktionsverletzung vor, es zeigt sich jedoch, daß trotzdem nicht positioniert werden kann. So kann es zwar einen Behälter geben, der Teile enthält, die häufig gegriffen werden müssen, dieser Behälter ist jedoch so klein, daß er zu dem betrachteten Zeitpunkt noch nicht positioniert werden darf. Derartige Randbedingungen schränken den für den betreffenden Behälter lokalen Lösungsraum ein und ermöglichen ein besseres Laufzeitverhalten des Systems.

Repräsentative Regeln für Restriktionsverletzungen bezüglich der Rasterwahl sind :

Restriktionsverletzung(1) für Raster:	Seite der Montageposition für Teile in dem betrachteten Behälter stimmt nicht mit der Seite des Rasters überein.
Restriktionsverletzung(2) für Raster:	Unter dem Raster und den weiterhin mit dem Behälter zu belegenden Rastern gibt es freie Stellen oder es liegt

	eine nicht bündige Mischbelegung vor (Überlappungen von Behältern).
Restriktionsverletzung(3) für Raster:	Es gibt ein Raster, das auf der betrachteten räumlichen Ebene liegt und zentraler (greifgünstiger) liegt.
Restriktionsverletzung(4) Raster:	Es gibt ein Raster, das nicht frei oder nicht greifbar oder nicht einsehbar ist, aber von dem Behälter auf Grund seiner Größe bei Wahl des Rasters belegt werden müßte.
Restriktionsverletzung(5) für Raster:	Der Behälter wurde logisch oder physikalisch einem anderen Behälter, der schon an einem anderen Ort positioniert ist, zugeordnet.

Logische oder physikalische Zuordnungen werden häufig benutzt, um bestimmte Sachverhalte (z.B. Schrauben werden immer über ihren zugehörigen Unterlagscheiben positioniert), zu beschreiben.

3.2.3.2 Die Implementierung in PROLOG

Die Anordnungsregeln für die Teilebehälter sind in PROLOG geschrieben. Die Informationen (z.B. Behälterbeschreibungen, Rasterdefinitionen und Umfelddaten) sind als Fakten ebenfalls in der PROLOG-Syntax abgelegt. Der Inferenzmechanismus, der die Regeln den Fakten gegenüberstellt, ist ebenfalls in PROLOG implementiert und arbeitet nach dem Prinzip :

- o Falls eine Restriktionsverletzung auftritt, wird in PROLOG einfach um einen Schritt zurückgesetzt (Backtracking) und derselbe Versuch wird mit einem anderen Raumraster oder, falls keine Raumraster mehr vorhanden sind, mit einem anderen Behälter durchgeführt.

In der PROLOG-Schreibweise sieht das wie folgt aus:

```
positioniere :-
                nimm_behälter,
                keine_restriktion_für_behälter_verletzt
                nimm_raster,
                keine_restriktion_für_raster_verletzt,
                positioniere.
positioniere.
```

Man sieht, daß die Klausel 'positioniere' rekursiv bearbeitet wird. Nach dem letzten gültigen Abarbeiten dieser Klausel (letzter Behälter wurde positioniert), läuft die erneute Abarbeitung der Klausel bei 'nimm_behälter' auf einen Fehler, setzt zurück und arbeitet dadurch die zweite Klausel mit Namen 'positioniere' ab. Diese zweite Klausel hat keine zu erreichenden Unterziele und ist somit immer wahr, was ein erfolgreiches Beenden des Prozesses zur Folge hat. Falls der Fall eintritt, daß der Prozeß mit einem Mißerfolg terminiert, wird er erneut zurückgesetzt und neu gestartet, aber zuvor wird das Niveau der Regelauswahl verringert. Dies ist wichtig, da es durchaus Positionierungsmöglichkeiten gibt, die zwar nicht mehr allen Regeln entsprechen, aber dennoch sinnvoll sind. Das Niveau wird zu Beginn des Prozesses auf 100 % gesetzt und bei Mißerfolgen schrittweise um jeweils 10% erniedrigt. Jeder Regel ist ein bestimmtes Niveau zugeordnet, das mindestens gegeben sein muß, wenn die Regel zur Anwendung kommen soll.

Zusätzlich zu den Regeln zur Repräsentation von Restriktionsverletzungen bezüglich Behältern und Rastern gibt es noch Regeln, die kein spezifisches Wissen über einfache Behälter repräsentieren. Diese Regeln werden im folgenden Metaregeln genannt. Beispiele hierfür sind:

Metaregel(1): Wenn die Anzahl der Behälter > 30, dann gebe Meldung aus und beende den Prozeß.

Metaregel(2): Wenn alle Raster unter Herzhöhe belegt sind und es noch Behälter zur Positionierung gibt, dann mache dies dem Planer bekannt und frage, ob trotzdem positioniert werden soll oder ob ein größerer Tisch gewählt wird.

Zu diesen Metaregeln gehören auch die Regeln, die Beziehungen von Behältern untereinander darstellen :

Metaregel(3): Behälter x enthält Teile, von denen bekannt ist, daß sie immer unter Teilen, die Behälter y enthält, bereitgestellt werden müssen. Dann muß Behälter x unter Behälter y positioniert werden.

Metaregel(4): Bekannt ist, daß zur Montage von Teilen aus x Werkzeug w benötigt wird. Dann muß Behälter x in der Nähe von Werkzeug w positioniert werden.

Bei der Abarbeitung der Metaregeln benutzt PROLOG ein BACKWARD-CHAINING, d.h. ein Ziel wird definiert, und die Erreichung dieses Ziels erfolgt durch die Erreichung aller seiner Unterziele. Die Strategie des BACKWARD-CHAINING ist für die Teilebehälteranordnung geeignet, da die Zielmenge, die Anzahl der zu plazierenden Teilebehälter (als eineindeutige Abbildung der zu montierenden Teile auf die Teilebehälter), bereits bekannt ist. Das BACKWARD-CHAINING hat zur Folge, daß zu Beginn einer Sitzung ein umfassender Entscheidungsbaum aufgebaut wird, der alle syntaktisch möglichen Zweige enthält. Abgearbeitet wird dieser Baum nach der "Depth-First-Methode", die immer zuerst in die Tiefe geht. Wenn nun der Fall eintritt, daß man sich an einem Entscheidungsknoten befindet, an dem ein Fehler auftritt, wird zum nächst höheren Knoten zurückgesetzt (BACKTRACKING) und versucht, einen anderen Zweig dieses dort aufgespannten Unterbaumes abzuarbeiten. Beim BACK-TRACKING wird also die Breite des Baums berücksichtigt. Beendet ist die Zielsuche dann, wenn ein gültiges Blatt des Entscheidungsbaums gefunden wurde oder wenn alle Zweige ohne Erfolg durchlaufen sind. Das System meldet dann einen Anordnungsvorschlag, der zu einer wie in Bild 29 dargestellten Rasterbelegung führt.

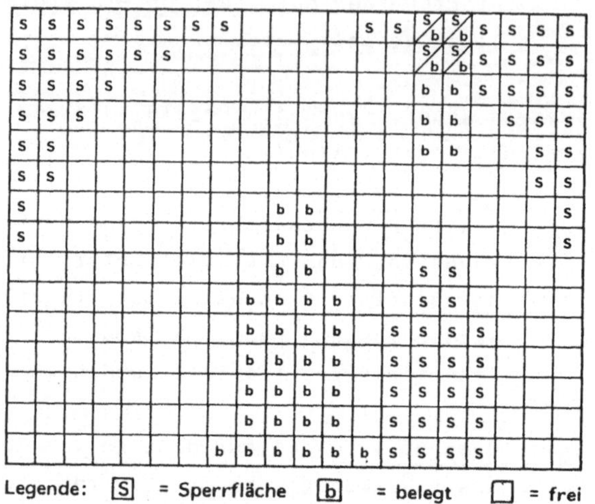

Bild 29: Beispiel einer Rasterbelegung im 2D-Arbeitsraummodell

Die Aussage 'in der Nähe' (vgl. Metaregel(4)) zeigt, daß es möglich ist, Fakten symbolisch zu verarbeiten. Symbolisch verarbeiten heißt, ein Datum zu kennen, es aber nur mit Hilfe eines Symbols darzustellen und es mit der diesem Symbol zugeordneten Information verarbeiten zu können. Symbolische Verarbeitung im Falle der Teilebehälteranordnung impliziert damit eine weitere Regel, die vereinbart, in welchem Fall man von 'in der Nähe' sprechen kann.

Nach interner Positionierung aller Behälter (evtl. in mehreren Anläufen) werden die Raster- und Behälterdaten an das parallel laufende Graphikprogramm übermittelt, das eine 3D-Darstellung zur besseren Visualisierung des Layoutvorschlags (siehe Bild 30) erstellt.

Bild 30: 3D-Layout der wissensbasierten Teilebehälteranordnung

4 Die geometrische Darstellung der Arbeitsplatzelemente

4.1 Gestaltung der Benutzeroberfläche

Die für den Planerarbeitsplatz zu entwickelnde Benutzeroberfläche sollte prototypisch in dem Anwendungsgebiet der interaktiven graphischen Manipulation von Teilebehältern erprobt werden. Bei dieser Vorgehensweise erhält der Planer auf dem Bildschirm einen graphischen Vorschlag über eine Anordnung der Teilebehälter, der entweder einer Ähnlichkeitsplanung entspricht oder von der wissensbasierten Komponente automatisch generiert wird. Ausgehend davon muß nun die Möglichkeit bestehen, diese Anordnung nach eigenen Kriterien und Ideen umzugestalten und zu modifizieren. Mit den drei Grundfunktionen

- Löschen eines Behälters,
- Ändern der Lage eines Behälters,
- Einfügen eines neuen Behälters,

ist eine vollständige graphische Manipulation der Teilebehälterordnung möglich. In diesem Zusammenhang ist jedoch zu beachten, daß über die eigentliche graphische Manipulation hinaus im Hintergrund Programme ablaufen, die die Inhalte der Behälter - kein Behälter in der Anordnung ist leer - verwalten. Dies ist besonders wichtig bei der Ausführung der Funktion "Löschen eines Behälters", da sonst wegen fehlender Teile die Montageaufgabe in der Praxis nicht zu bewältigen wäre.
Die Benutzerschnittstelle - bei interaktiven graphischen Systemen ist dies üblicherweise ein hochauflösender Bit-Map-Schirm - wurde in 5 Zonen aufgeteilt, die jeweils für verschiedene Ein- und Ausgabeoperationen reserviert sind (siehe auch Bild 31):

Zone 1: Einen großen Teil des Bildschirms nimmt die Zone 1 ein, die für die Darstellung der dreidimensionalen Ansicht der Teilebehälteranordnung vorgesehen ist, da diese die Informationen enthält, die für den Planer am wichtigsten sind.

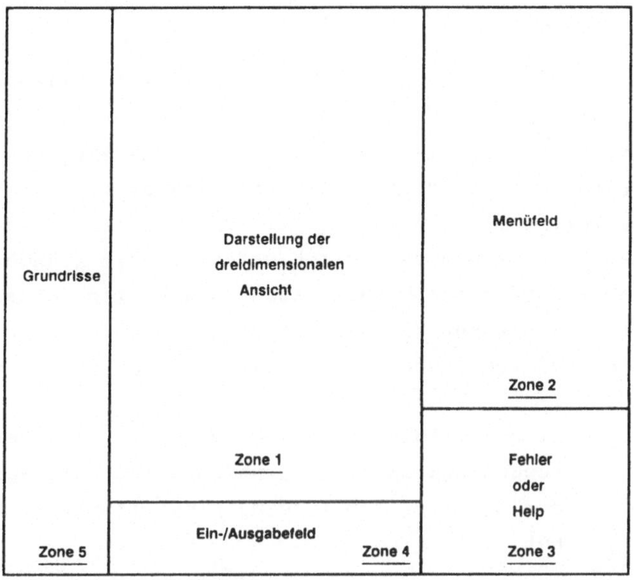

Bild 31: Aufteilung des Bildschirms

Zone 2: Die Größe des Menüfelds wurde so gewählt, daß in diesem mehrere Menüs untereinander dargestellt werden können.

Zone 3: Im unteren rechten Eck des Bildschirms befindet sich ein Feld, in dem Fehlermeldungen bzw. Hilfeinformationen ausgegeben werden.

Zone 4: Da für das Programm auch Eingaben über die Tastatur erforderlich sein können, z. B. zur Eingabe einer beliebigen, benutzereigenen Ansicht, wird für diese Ein-/Ausgaben ein Extrafeld bereitgestellt, die sogenannte interaktive Zone (interactive area), in dem vier Textzeilen unterzubringen sind.

Zone 5: Diese Zone wurde für die Einblendung verschiedener Grundrisse definiert. Bei der Änderung der Lage von Teilebehältern hat sich dies als notwendig herausgestellt.

Die Steuerung des Programms durch den Benutzer funktioniert mit Hilfe einer sogenannten Maus, und nur dort, wo es nicht anders möglich ist, kann auch die Tastatur für Benutzereingaben herangezogen werden. Mit der Maus, die zusätzlich drei Funktionstasten hat, ist es möglich, einen Cursor über den gesamten Bildschirm zu bewegen, dessen Aussehen zusätzlich softwaremäßig geändert werden kann. Um dem Benutzer immer anzuzeigen, was er gerade bearbeitet, wurden vier verschiedene Symbole für den Cursor entworfen, die die vier Eingabesituationen widerspiegeln:

Eine stilisierte Sanduhr zeigt an, daß gerade Berechnungen im Hintergrund durchgeführt werden und der Benutzer somit keine Eingriffsmöglichkeiten hat.

Ein Pfeil, wie er vom Betriebssystem standardmäßig zur Verfügung gestellt wird, zeigt an, daß der Benutzer einen Punkt aus dem Menü auswählen kann bzw. muß.

Ein weiterer Pfeil zeigt an, daß vom Benutzer eine Eingabe über die Tastatur verlangt wird. Die Ein-/Ausgabe erfolgt dabei in der interaktiven Zone.

Ein Kreuz gibt an, daß der Benutzer einen Teilebehälter aus der Anordnung auswählen kann. Die Auswahl erfolgt dabei in der Zone, in der die dreidimensionale Ansicht ausgegeben wird.

4.2 Interaktive Graphikkomponente

Im folgenden Kapitel sollen nun die Grundlagen entwickelt werden, die der räumlichen Darstellung und Plazierung der Teilebehälter innerhalb der Anordnung zugrunde liegen.

4.2.1 Inertialsystem

Die gesamte Anordnung wird in Koordinaten des sogenannten Inertialsystems behandelt, das im allgemeinen frei gewählt werden kann. In dieser speziellen Anwendung der Anordnung von Teilebehältern auf einem Montagearbeitsplatz wird das Inertialsystem allerdings so gelegt, daß sein Koordinatenursprung in der Mitte der vorderen oberen Kante des Montagetisches zu liegen kommt (siehe Bild 32). Die Einheit des vorgegebenen Koordinatensystems wird in Millimeter geführt.

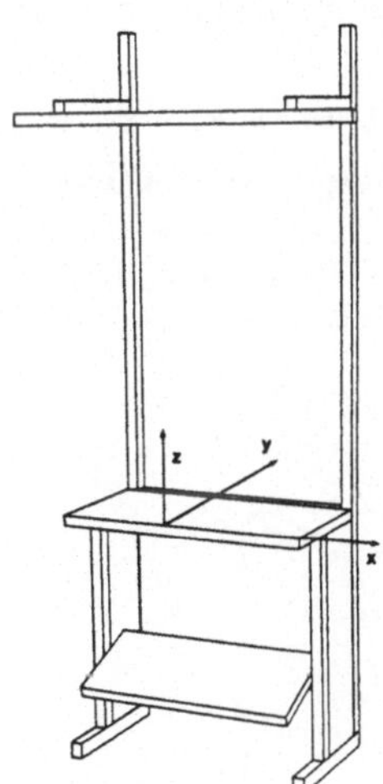

Bild 32: Montagetisch mit Inertialsystem

Nun stellt sich die Frage, wie die Teilebehälter in diesem Koordinatensystem so dargestellt werden können, daß davon eine perspektivische Ansicht erzeugt und außerdem geprüft werden kann, ob Behälter sich gegenseitig überschneiden (Kollisionsprüfung).

4.2.2 Darstellung eines Körpers

Im allgemeinen besteht ein beliebiger Körper aus mehreren, im Normalfall undurchsichtigen Flächen, die sein äußeres Erscheinungsbild bestimmen, indem sie andere Flächen, Körper und Kanten verdecken. Der Umriß eines Körpers kann also vollständig durch die Angabe aller seiner Flächen beschrieben werden. Eine Fläche ihrerseits ist durch den sie einschließenden Polygonzug eindeutig bestimmt. Dieser Polygonzug ist eine geordnete Liste seiner Eckpunkte, die durch ihre Koordinaten innerhalb des Weltkoordinatensystems beschrieben sind.

Die Kanten, die bei der dreidimensionalen Ansicht ausgegeben werden, sind einfach die Verbindungslinien zweier in einer geordneten Liste von Eckpunkten benachbarter Punkte. Dabei gelten der erste und der letzte Punkt einer Liste ebenfalls als benachbart.

Aus diesen Festlegungen ergibt sich die in Bild 33 dargestellte Lage eines Würfels innerhalb des Inertialsystems:

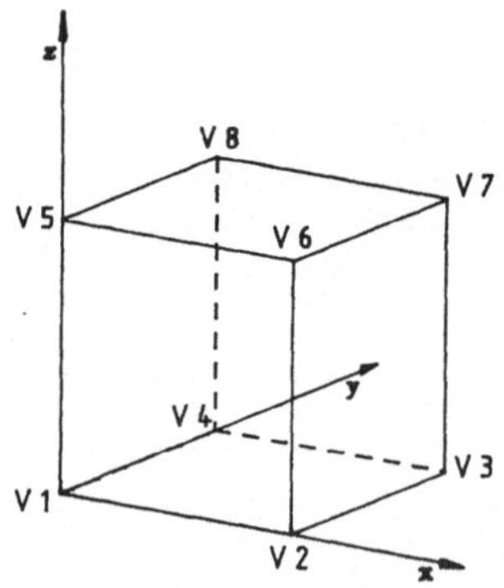

Bild 33: Würfel im Inertialsystem (V=Vertex)

Nun ist es aber nicht sinnvoll, daß man, um einen Behälter zu plazieren, alle seine geometrischen und topologischen Eigenschaften einzeln eingibt. Dieser Aufwand wird umgangen, indem die geometrischen und topologischen Eigenschaften für einen Behältertyp rechnerintern in einem speziellen Datensatz abgelegt werden. Dabei bleiben die Definitionen der Eckpunkte und Flächen, wie oben beschrieben, erhalten, jedoch mit einer Ausnahme: Da diese Definitionen so allgemein wie möglich gehalten werden sollen, dürfen die Eckpunkte natürlich nicht mehr in Koordinaten des Inertialsystems ausgedrückt, sondern müssen in einem für den Teilebehälter speziellen Koordinatensystem definiert werden. Dieses Koordinatensystem wird im weiteren "körpereigenes Koordinatensystem" genannt.

Für die Plazierung eines Körpers in der Anordnung sind nun folgende Plazierungsangaben notwendig:

i_T	$(i = x,y,z)$	Koordinaten des Körperursprungs im Zielsystem (Translation).
$ß_i$	$(i = x,y,z)$	Drehwinkel um die i-Achse des Zielsystems (Rotation).
S_i	$(i = x,y,z)$	Streckungsfaktor in i-Richtung des Zielsystems (Streckung).

Bei der Plazierung eines Teilebehälters wird aus diesen Angaben eine Transformationsmatrix berechnet, mit deren Hilfe durch Matrizenmultiplikation jeder Eckpunkt des Teilebehälters vom körpereigenen Koordinatensystem in das Inertialsystem transformiert wird. Damit liegt der Teilebehälter dann in den Koordinaten des Inertialsystems vor und kann für die Erzeugung der dreidimensionalen Ansicht weiterverwendet werden.

Die Verwaltung der Teilebehälter innerhalb der Anordnung sowie die Erzeugung der dreidimensionalen Ansicht daraus und die Überprüfung der Einhaltung der physikalischen Gesetzmäßigkeiten innerhalb der Anordnung sind sehr eng miteinander verknüpfte Module, die alle auf dieselbe Datenstruktur zugreifen. Deshalb soll zunächst diese Datenstruktur erklärt werden.
Die Vorgehensweise richtet sich dabei im wesentlichen an Newmann und Sproull /49/ aus.

4.2.2.1 Betrachtungsparameter

Es gibt drei Betrachtungsparameter, die zusammen die perspektivische Ansicht einer Anordnung bestimmen. Dies sind im einzelnen der Betrachtungspunkt, von dem aus man die Szene betrachtet, die Betrachtungsrichtung (das ist die Richtung, in die der Betrachter schaut), und der Öffnungswinkel für das Blickfeld. Der Öffnungswinkel ergibt sich aus dem Abstand des Projektionsschirms vom Betrachter und der Größe des Projektionsschirms. Da es für den Benutzer schwierig ist, die Betrachtungsrichtung in Form von Koordinaten zu beschreiben, wurde statt der Betrachtungsrichtung als Parameter der Punkt, auf den der Betrachter schaut, gewählt. Dieser wird im folgenden Zielpunkt genannt. Aus dem Betrachtungspunkt und dem Zielpunkt läßt sich einfach durch Vektorsubstraktion die Betrachtungsrichtung berechnen. Die drei verwendeten Parameter (vgl. auch Bild 34) sind also

- der Betrachtungspunkt
- der Zielpunkt
- und der Öffnungswinkel des Blickfeldes.

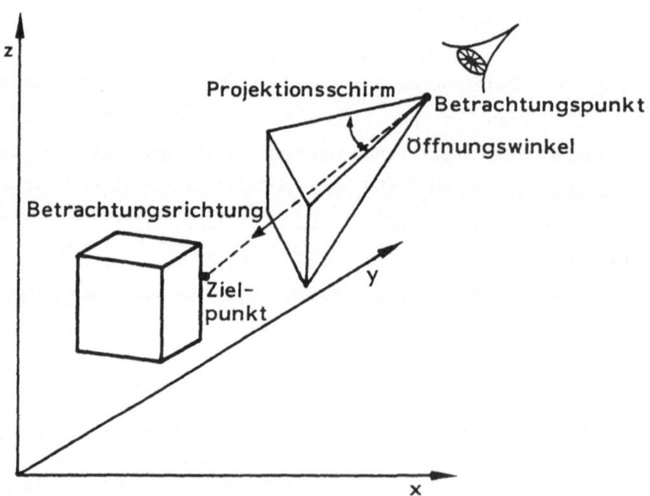

Bild 34: Die Betrachtungsparameter

4.2.2.2 Augen-Koordinatensystem

Um die Position des Bildes eines Punktes aus der Anordnung auf dem Bildschirm berechnen zu können, muß ein weiteres Koordinatensystem eingeführt werden, das sogenannte Augen-Koordinatensystem. Dieses ist so orientiert, daß sein Ursprung mit dem Betrachtungspunkt zusammenfällt. Die z-Achse zeigt in Blickrichtung. Schaut man vom Betrachtungspunkt in Richtung des Zielpunkts dann zeigt die x-Achse nach rechts und die y-Achse nach oben, so wie im allgemeinen die zweidimensionalen Koordinatensysteme auf den Bildschirmen festgelegt sind. Daraus wird nun auch der Name des Koordinatensystems deutlich, da es anschaulich im Auge des Betrachters liegt (Bild 35).

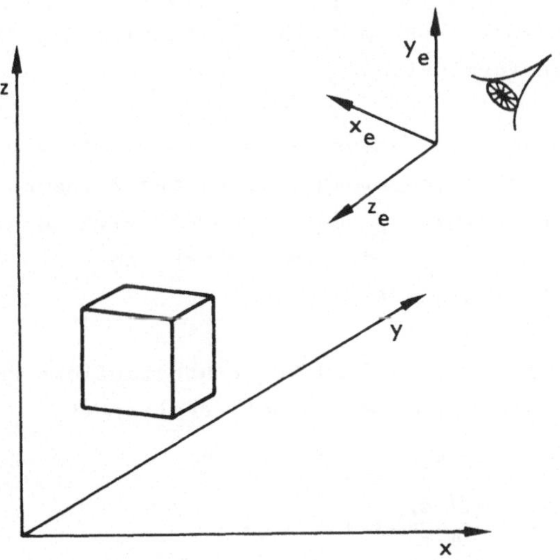

Bild 35: Lage des Augen-Koordinatensystems im Weltkoordinatensystem

Um einen Punkt im Inertialsystem in Koordinaten des Augen-Koordinatensystems ausdrücken zu können, muß folgende Koordinatentransformation durchgeführt werden:

$$[x_e, y_e, z_e, 1] = [x_w, y_w, z_w, 1] \cdot V$$

Die Indizes bezeichnen jeweils das Koordinatensystem, in dem die x, y, z-Koordinaten ausgedrückt werden. V ist eine 4 x 4-Matrix, die sogenannte Viewing-Transformationsmatrix, die sich aus den drei Betrachtungsparametern ergibt.

4.2.2.3 Bildschirm-Koordinatensystem

Sind die Punkte der Szene alle in das Augen-Koordinatensystem transformiert, so braucht man sie nur noch auf den Projektionsschirm zu projizieren und kann dann, durch Zeichnen der Verbindungslinien dieser projizierten Punkte, die perspektivische Ansicht des Drahtmodells der Szene erzeugen. Diese Projektion ist wiederum eine Koordinatensystemtransformation, die die Punkte aus dem Augen-Koordinatensystem in das Bildschirm-Koordinatensystem (x_s, y_s, z_s) transformiert.

Das Bildschirm-Koordinatensystem ist die Erweiterung des zweidimensionalen Koordinatensystems (x_s, y_s) des Bildschirms um die Tiefe z_s. Die Koordinate z_s der Eckpunkte wird im Hidden-Line-Algorithmus benötigt, der die verdeckten Kanten in der perspektivischen Ansicht eliminiert.

Die Projektion wird durch Bild 36 veranschaulicht und durch die Berechnung der nachfolgenden Formeln realisiert:

$$x_s = (\frac{D \cdot x_e}{A \cdot z_e}) x_{V_s} + x_{V_c}$$

$$y_s = (\frac{D \cdot y_e}{A \cdot z_e}) y_{V_s} + y_{V_c}$$

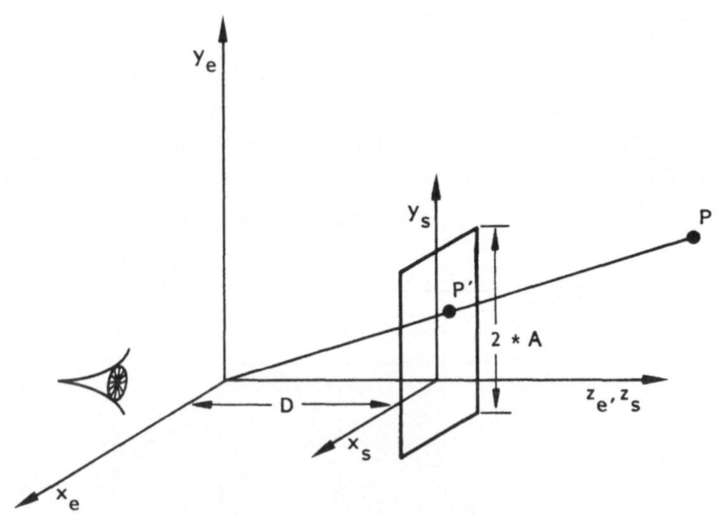

Bild 36: Projektion des Punktes P auf den Projektionsschirm

In diesen Formeln treten einige Größen auf, die bisher noch nicht definiert wurden. Auf dem verwendeten Graphikbildschirm ist ein Rechteck festgelegt (ein sogenannter viewport), in dem die Darstellung der perspektivischen Ansicht ausgegeben werden soll (siehe Bild 37). Zur Beschreibung dieses Rechtecks sind sechs Größen erforderlich, die folgende Bedeutung haben:

- x_{vc} (viewport center x) ist der x-Wert (in Pixeln) des Punktes, auf den der Mittelpunkt des Rechtecks fällt.
- y_{vc} (viewport center y) hat dieselbe Bedeutung in y-Richtung.
- x_{vs} bzw. y_{vs} (viewport size x bzw. y) bezeichnen die halbe Größe des Rechtecks (in Pixeln) bezüglich der beiden Richtungen.
- D ist der Abstand vom Betrachter zum Projektionsschirm.
- A ist 1/2(Höhe/Breite) des Projektionsschirms

Durch die Multiplikation mit D und die Division durch A innerhalb der Klammern bei den Projektionsformeln wird eine dimensionslose Größe berechnet, die im Bereich von -1 bis +1 liegt. Durch die weitere Multiplikation mit x_{Vs} bzw. y_{Vs} und die Addition von x_{Vc} bzw. y_{Vc} fallen x_s und y_s genau in das definierte Rechteck. Um das Drahtmodell der Szene ausgeben oder den Hidden-Line-Algorithmus anwenden zu können, müssen die Punkte der Szene in Koordinaten des Bildschirm-Koordinatensystems vorliegen.

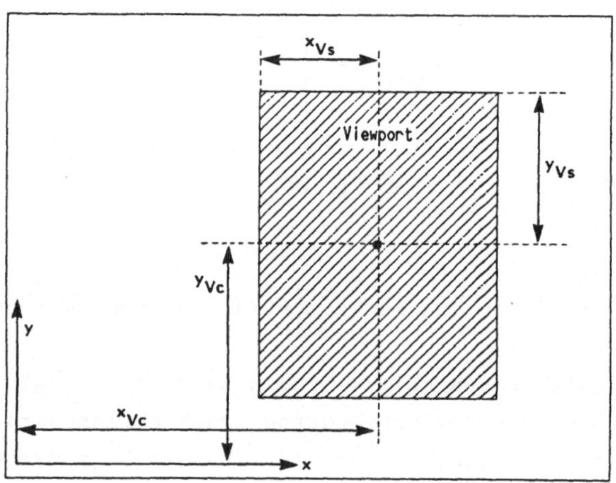

Bild 37: Definition eines Rechtecks (viewports) auf dem Bildschirm

4.2.3 Überprüfung der physikalischen Gesetzmäßigkeiten

Um die Überprüfung, ob sich zwei Teilebehälter in der Anordnung überschneiden, möglichst einfach und schnell berechnen zu können, werden nicht die exakten Formen der Teilebehälter herangezogen, sondern die Überprüfung wird mit Quadern durchgeführt, die jeweils den Teilebehälter vollständig enthalten. Dadurch lautet das Ergebnis der Überprüfung nicht, daß sich zwei Teilebehälter überschneiden, sondern es kann nur dahingehend überprüft werden, ob sich zwei Teilebehälter sicher nicht überschneiden. Schneiden sich die umschließenden Quader nicht, so überschneiden sich die darin enthaltenen Teilebehälter mit Sicherheit auch nicht. Der Umkehrschluß ist nicht möglich. Diese Art der Überprüfung genügt in dieser Anwendung, da die Teilebehälter nicht wahllos plaziert werden, sondern immer einer gewissen Ordnung unterliegen. Deshalb ist für jeden Teilebehälter ein sogenannter umhüllender Quader in den Koordinaten seines körpereigenen Koordinatensystems festgelegt (vgl. Bild 38). Dieser Quader umschließt den Teilebehälter vollkommen. Er liegt so, daß eine Ecke im Koordinatenursprung liegt und die räumlich diagonal gegenüberliegende Ecke die xyz-Koordinaten (x_{MAX}, y_{MAX}, z_{MAX}) hat. Durch diese Festlegung und durch die Bestimmung von x_{MAX}, y_{MAX} und z_{MAX} ist sichergestellt, daß dieser Quader der kleinste Quader ist, der den Teilebehälter noch vollständig umschließt. Die Koordinaten der restlichen Ecken des Quaders lassen sich dann einfach aus den bekannten Größen durch entsprechende Kombination zusammmensetzen.

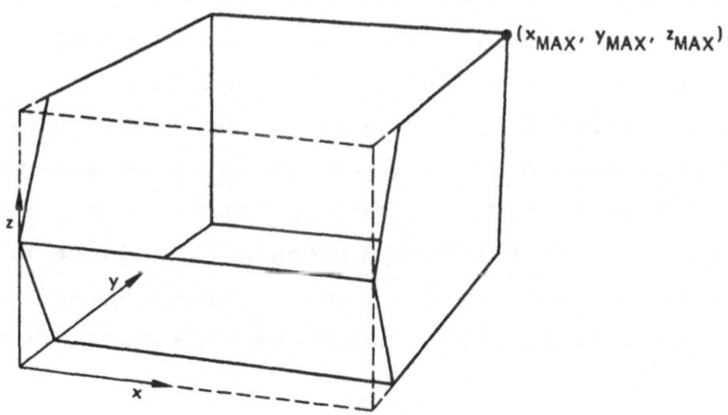

Bild 38: Ein Teilebehälter und sein umschließender Quader

Bevor ein Teilebehälter in der Anordnung plaziert werden kann, muß sein umschließender Quader ebenfalls vom körpereigenen Koordinatensystem in das Inertialsystem transformiert werden. Der transformierte Quader wird danach Weltquader genannt. Dieser Weltquader wird dann gegenüber den Weltquadern der schon in der Anordnung plazierten Teilebehälter auf Überschneidung getestet. Liegen keine Überschneidungen vor, so kann der Teilebehälter endgültig plaziert werden, wobei auch seine Eckpunkte vom körpereigenen Koordinatensystem in das Inertialsystem transformiert werden müssen.

Die rechnerinterne Überprüfung wird anhand der umschließenden Quader der Behälter durchgeführt. Der Test, ob sich die umschließenden Quader zweier Teilebehälter nicht überschneiden, ist in einer Reihe von immer feiner (und dafür rechenintensiver) werdenden Teiltests untergliedert. Nach diesen Berechnungen steht auf jeden Fall fest, ob sich die umschließenden Quader der beiden Behälter und damit nach Vereinbarung die beiden Behälter überschneiden oder nicht.

4.2.4 Eliminierung verdeckter Kanten

Das Drahtmodell der Anordnung, das in Form von Bildschirmkoordinaten vorliegt, ist nicht die wirklichkeitsgetreue perspektivische Ansicht der Teilebehälteranordnung, da darin alle Kanten enthalten sind, auch solche, die von anderen Flächen verdeckt werden. Diese nicht sichtbaren Kanten müssen eliminiert werden, um die Ansicht auf den Bildschirm bringen zu können. Dazu wird ein Hidden-Line-Algorithmus verwendet. Da es viele Möglichkeiten gibt, verdeckte Kanten zu erkennen und zu eliminieren, muß aus den vielen möglichen Hidden-Line-Algorithmen einer ausgewählt werden. Gewählt wurde ein Prioritätsalgorithmus nach Newell, Newell and Sancha. Dieser ist bei einer kleinen Anzahl von Flächen, wie sie bei der Teilebehälteranordnung vorkommmt, der schnellste Algorithmus /49/.

Dieser Algorithmus arbeitet nach dem Prinzip, daß zuerst alle Polygone, die in der Körperliste enthalten sind, in einer Polygonliste gesammelt werden. Danach wird diese Liste nach aufsteigender Priorität sortiert. Flächen, die in der Anordnung weit hinten liegen und durch andere Flächen ganz oder teilweise verdeckt werden können, haben eine kleine Priorität und stehen deshalb am Anfang der Liste. Flächen, die sehr nahe zum Betrachter liegen, haben eine hohe Priorität und werden am Ende der Liste geführt. Ausgehend von dieser sortierten Polygonliste kann die wirklichkeitsgetreue, perspektivische Ansicht auf dem Bildschirm erzeugt werden. Die Flächen werden der Reihe nach auf den Bildschirm gebracht, wobei mit der niedrigsten Priorität angefangen wird. Dabei wird jeweils das Innere der Fläche weiß ausgefüllt und der sie umschließende Polygonzug mit schwarzen Strichen gezeichnet. Durch diese Markierung des Flächeninneren werden schon gezeichnete Kanten, die von dieser Fläche verdeckt werden, wieder vom Bildschirm gelöscht. Am Ende der Ausgabe sind nur noch die Kanten auf dem Bildschirm, die der Betrachter in Wirklichkeit sehen würde. Im Bild 39 sind die wesentlichen Möglichkeiten der 3D-Graphik-Unterstützung bei der Planung und Gestaltung manueller Montagearbeitsplätze dargestellt.

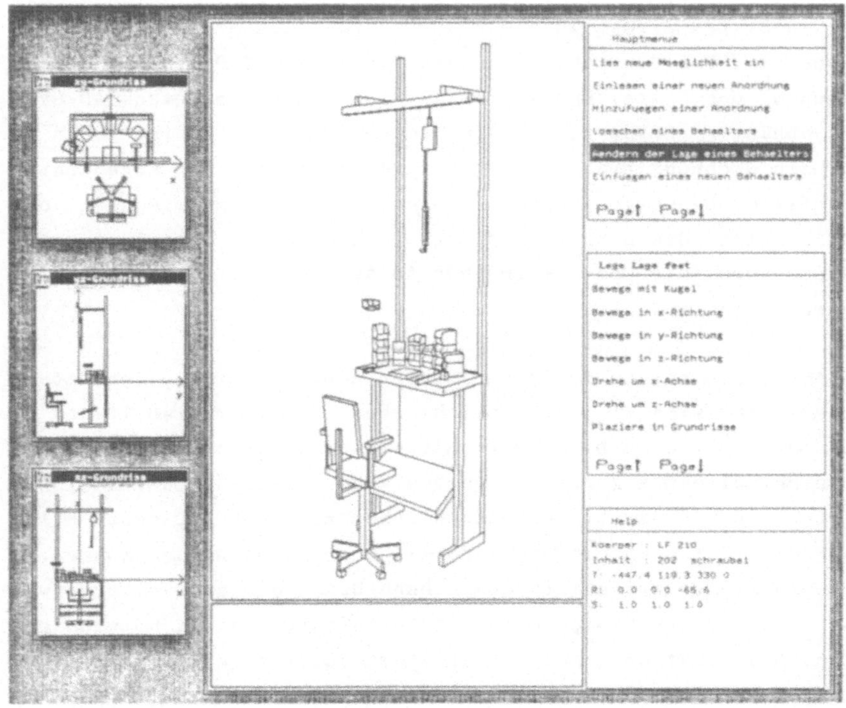

Bild 39: 3D-Graphikoberfläche zur Planung und Gestaltung manueller Montagearbeitsplätze

4.3 Schnittstelle zum CAD-System

Bereits im Kapitel 2.3.2 wurde ausgeführt, daß die Graphikanforderungen, die bei der wissensbasierten, interaktiven Gestaltung von Montagearbeitsplätzen auftreten, von herkömmlichen CAD-Systemen gegenwärtig nicht zufriedenstellend zu lösen sind. Andererseits gewinnt gerade das computergestützte Konstruieren mehr und mehr an praktischer Bedeutung. Betriebsmittel, Werkzeuge und Systemelemente von Montageanlagen werden heute oft schon mit Hilfe eines CAD-Systems konstruiert und sind damit rechnerintern abgelegt. Da die Erstellung dieser Geometriedaten immer noch zeit-und kostenaufwendig ist, besteht der Wunsch, diese Daten aus dem CAD-System direkt in das Planungs- und Gestaltungsmittel zu übernehmen. Die Übernahme von Daten aus einem CAD-System in das Planungs- und Gestaltungssystem ist von dem verwendeten CAD-System abhängig. Prinzipiell wird jedoch, den unterschiedlichen Systemen Rechnung tragend, ein Softwareprogramm, ein sogenannter Datenfilter benötigt, der die Umwandlung der Geometriedaten vom CAD-Format in das Datenformat des Graphiksystems des Planungssystems vornimmt. Den allgemeinen Ablauf dazu zeigt das unten stehende Bild 40.

Die Arbeitsweise des im Rahmen dieser Arbeit entwickelten Datenfilters läßt sich wie folgt beschreiben. Normalerweise liegen die CAD-Modell-Daten in binär verschlüsselter Information vor, auf die nicht direkt zugegriffen werden kann. Viele der heute eingesetzten CAD-Systeme bieten jedoch Schnittstellen mit deren Hilfe die Modell-Daten in ein ASCII-Format übertragen werden können. Der Datenfilter extrahiert aus diesen Daten die zur Weiterverwendung in der Graphikkomponente des Gestaltungssystems notwendigen Daten. Die Funktionen des Datenfilters sollten beispielhaft für das CAD-System Medusa realisiert werden.

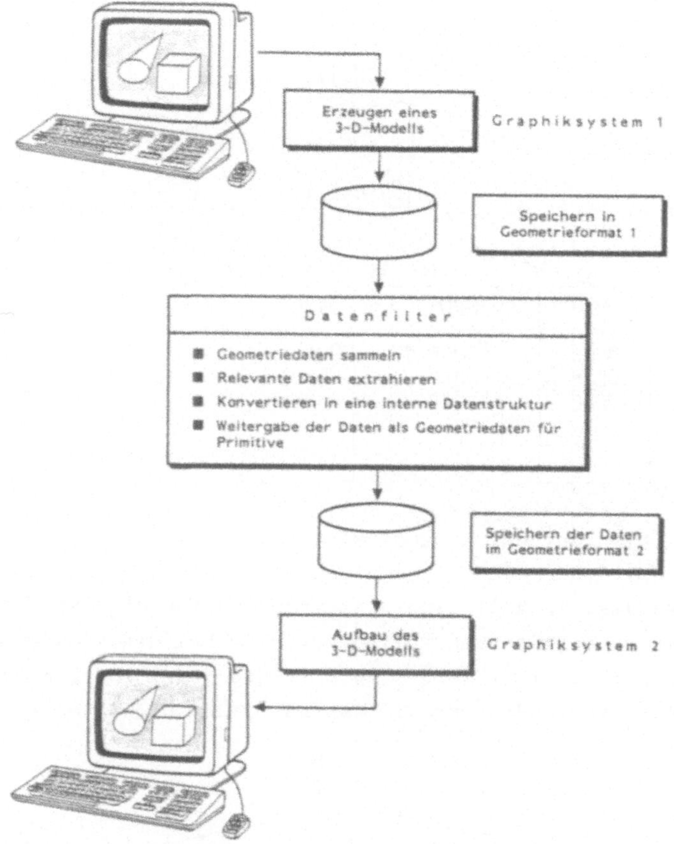

Bild 40: Schematische Funktion des Datenfilters

Die zur Verarbeitung notwendigen ASCII-Daten werden in der Medusa-Interface-Datei (MIF) bereitgestellt. In dieser Eingabedatei werden die Objekte in Tabellenform abgelegt. Dabei enthält jede Tabelle Referenzen zu anderen Geometrieteilen, die durch eindeutige Nummern charakterisiert werden. Es gibt Punktelisten, die die X-, Y- und Z-Koordinaten von jedem Punkt eines Objekts beinhalten. In Kantenlisten sind die zu jeder Kante gehörigen Kennungen der Punkte abgelegt und in Flächenlisten wird Bezug auf die Kantenlisten genommen. Die Struktur der Eingabedatei ist in

Bild 41 wiedergegeben (für die formale Beschreibung der zugrundeliegenden Grammatik wird auf /60/ verwiesen).

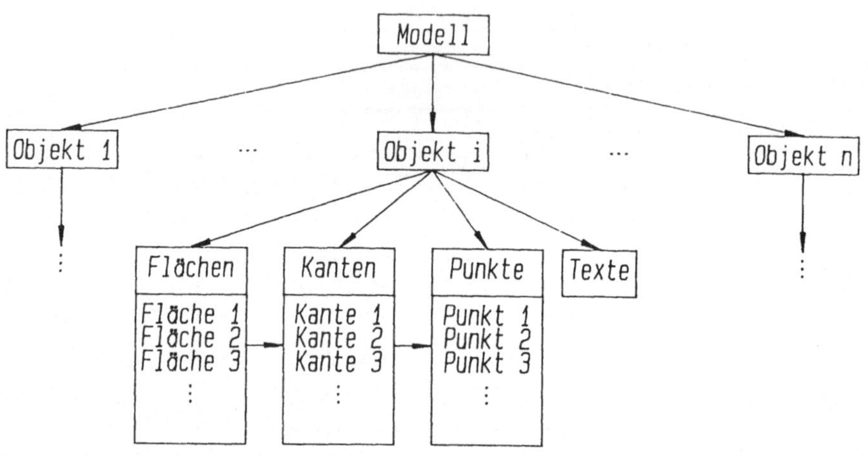

Bild 41: Struktur der Eingabedatei

Die Ausgabedatei enthält eine Liste von Punkten mit ihren Koordinaten sowie eine Liste von Polygonzügen, wobei die Punkte mit ihrer Nummer referenziert werden. Die Punkte jedes Polygonzugs werden zu Kanten verbunden und die Kanten bilden die Flächen.

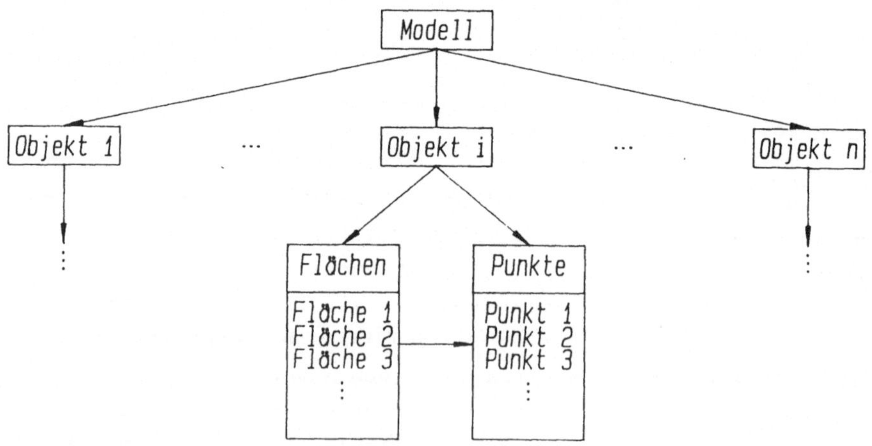

Bild 42: Struktur der Ausgabedatei

Die Struktur der Ausgabedatei ist in Bild 42 beschrieben. Der Datenfilter zerfällt in eine Analyse- und eine Synthesephase. Die Analysephase besteht aus der lexikalischen Analyse (Scanner) und der syntaktischen Analyse (Parser). Der Prozeß der Datenfilterung ist im unten stehenden Bild 43 wiedergegeben.

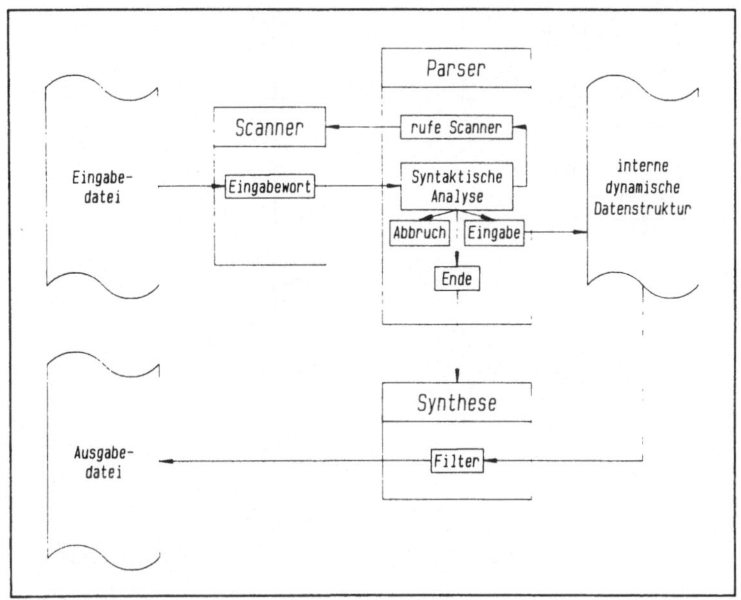

Bild 43: Ablauf der Datenfilterfunktionen

Die Struktur der Eingabedatei steuert die Reaktionen des Parsers. Bei der syntaktischen Analyse wird entschieden, welche Aktion ausgeführt wird. Erkennt der Parser ein Steuerzeichen muß entweder das nächste Eingabewort gelesen werden (d.h. der Scanner wird wieder aufgerufen) oder das Programm wird beendet. Die Daten, die erkannt werden, werden in die dynamische Datenstruktur des Programms eingetragen. Beim Schreiben der Ausgabedatei wird aus der internen dynamischen Datenstruktur nur die relevante Information herausgefiltert. Dies sind die Punkte mit ihren Koordinaten und die Flächen mit den Nummern der Punkte aus denen sie bestehen. Die Funktion des Datenfilters soll das folgende Beispiel veranschaulichen.

Das unten stehende Bild 44 zeigt eine Tischpresse die mit dem CAD-System Medusa konstruiert wurde.

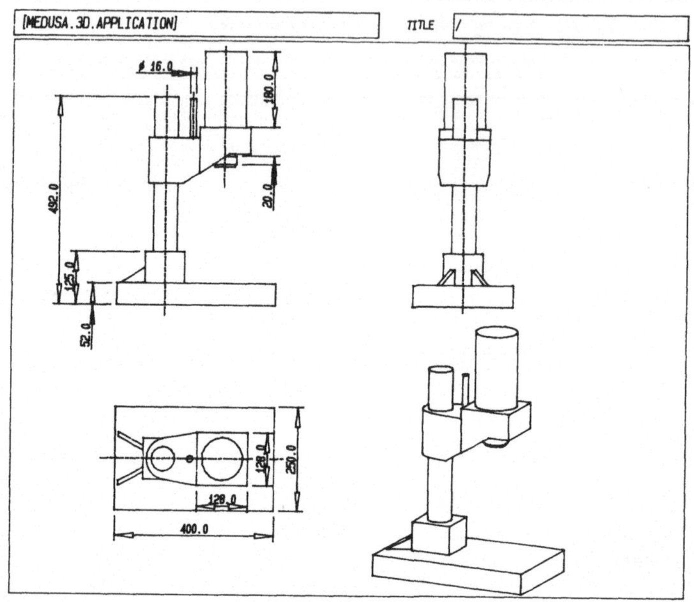

Bild 44: Beispiel eines 3D-Medusa-Modells (Tischpresse)

Die Geometriedaten dieses Körpers wurden mit Hilfe des Datenfilters in das Format des Graphik-Kerns der Gestaltungssoftware konvertiert. Im folgenden Bild 45 ist der 3D-Medusa-Körper in einer Arbeitsplatzanordnung abgebildet.

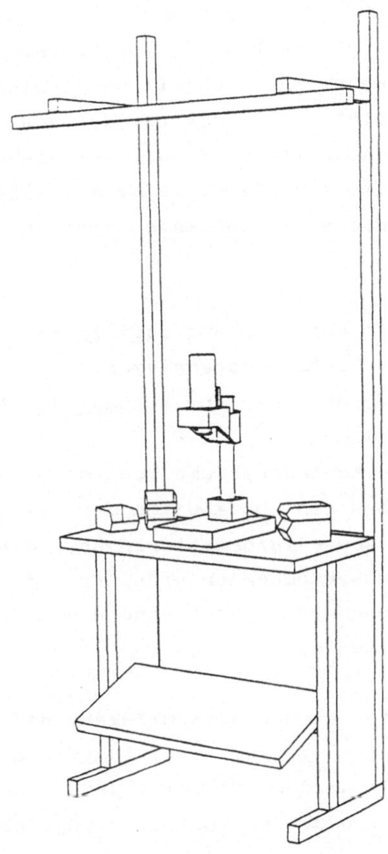

Bild 45: Darstellung des 3D-CAD-Körpers im Planungslayout

5 Die rechnergestützte Auswahl von Montagearbeitsplatzelementen

Bei der rechnergestützten Planung von Montagearbeitsplätzen werden in immer stärkerem Maße schnell zu realisierende Lösungen erwartet. Dies bedeutet z. B., daß bei der Auswahl der einzelnen Montagesystemelemente (Tisch, Stuhl, Teilebehälter, Verkettungseinrichtung) ein immer größerer Informationsbedarf beim Planer entsteht. Diese Informationen lassen sich in zwei Hauptgebiete aufteilen:

- Informationen zur Definition (Beschreibung) der Montagesystemelements;
- Informationen zur Auswahl der Elemente.

Zur Definition von Montagesystemelementen benötigt der Planer beispielsweise neben den Abmessungen der Systemelemente auch deren Eigenschaften sowie Informationen über die Verträglichkeit mit anderen Montagesystemkomponenten. Erst das Zusammenspiel all solcher Informationen ermöglicht eine produktunabhängige Definition der Systemelemente.

Aufbauend auf einer solchen Systemelementedefinition müssen dann die auf dem Markt real verfügbaren Elemente auf ihre Eignung untersucht und erfaßt werden. Dies ist jedoch nur auf der Grundlage aller verfügbarer Produktinformationen möglich.

Somit stellt sich heute für den Planer folgendes Definitions- und Auswahlproblem:
Ausgehend von teilweise unvollständigen Informationen (z.B. aus dem Pflichtenheft und/oder aus Kundenanforderungen) sollen Arbeitssystemelemente so definiert werden, daß sie

- die gewünschten System-Funktionen erfüllen,
- arbeitswissenschaftlichen und gesetzlichen Regeln oder Vorschriften genügen,
- möglichst ohne größeren Konstruktionsaufwand verfügbar (d. h. auf dem Markt käuflich) sind.

In den folgenden Abschnitten wird nun eine rechnergestützte Vorgehensweise zur Definition und Auswahl von Montagesystemelementen entwickelt.

5.1 Definition der Montagesystemelemente

Um eine sinnvolle Definition der Montagesystemelemente vorzunehmehmen, ist es notwendig, diese Systemelemente zu strukturieren. Die Idee dabei ist eigentlich einfach. Man geht davon aus, daß sich alle realen, "faßbaren" Systemelemente hierarchisch gliedern lassen. Im folgenden Bild 46 soll dies am Beispiel eines Industriearbeitssitzes verdeutlicht werden.

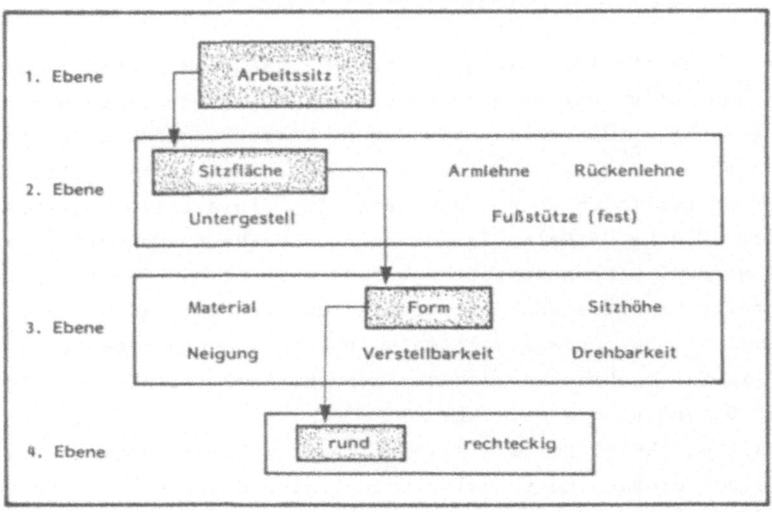

Bild 46: Hierarchische Struktur am Beispiel Arbeitssitz

Es ist also möglich, allen Systemelementen eine solche Struktur zuzuordnen. Daß die in der Struktur verwendeten Begriffe und auch die Feinheit der Struktur subjektiv von denjenigen abhängen, die diese Struktur definieren, spielt eigentlich keine Rolle, weil

bei einem realen Einsatz eines solchen Systems individuelle Strukturänderungen möglich sein müssen.
Mit Hilfe solcher Strukturen ist es nun aber dem Arbeitssystemplaner leicht möglich, alle Anforderungen, die an ein Montagesystemelement gestellt werden, zu definieren. Diese Anforderungen werden in der Regel aus dem Pflichtenheft bzw. Auftrag abgeleitet. Hierbei wird deutlich, daß das Sammeln der Eingangsdaten nach wie vor unbefriedigend gelöst ist. Allerdings sind Ansätze (z.B. in /44/) bekannt, im Sinne einer Computer-integrierten Fertigung (CIM) technische Datenbanken aufzubauen. Der Planer hätte dann z. B. die Möglichkeit, das Pflichtenheft direkt am Bildschirm abzufragen und die relevanten System-Elemente-Daten zu übernehmen.

5.2 Aufbau des Systemelementekatalogs

Zur rechnergestützten Lösung des Definitions- und Auswahlproblems ist es nun nötig, die entsprechenden Datenbestände (Kataloge), in denen gesucht werden soll, aufzubauen. Unter Verwendung der existierenden Arbeitssystem-Elemente-Kataloge und von aktuellen Herstellerinformationen können die Daten für die einzelnen Systemelemente (Tische, Stühle, Teilebehälter, Verkettungensmittel etc) erfaßt werden. Dies geschieht interaktiv am Bildschirm mit Hilfe der bereits beschriebenen hierarchischen Struktur. Aufbau und Pflege dieser Datenbasis sollten am besten von einer zentralen Stelle im Unternehmen vorgenommen werden, damit keine inkonsistenten Datenbestände entstehen.
So erhält man Kataloge, die alle relevanten Daten enthalten, die schnell und einfach zu aktualisieren sind und deren Struktur den Vorstellungen des Planers über den Aufbau der System-Elemente entspricht. Dies erleichtert und unterstützt die gezielte Suche nach konkreten Elementen im Katalog.

In der eigentlichen Auswahlphase wird der Planer bei der rechnergestützten Vorgehensweise Kriterien vorgeben, denen ein Systemelement zu genügen hat. Zum Beispiel wird ein Arbeitssitz benötigt, dessen Sitzfläche eine runde Form hat, der höhenverstell-

bar, nicht drehbar und in der Neigung verstellbar ist. Unter Verwendung der vorgegebenen Struktur und unter Beachtung zusätzlicher Informationen z. B. ergonomischer Art, die vom System bei Bedarf über eine Hilfefunktion zur Verfügung gestellt werden sollten, kann der Planer interaktiv alle ihm über das Element bekannten Eigenschaften dem System mitteilen. Danach sucht der Rechner die Elemente aus, deren Merkmale mit denen der Vorgabe übereinstimmen. Der Planer hat somit die Möglichkeit, z. B. über den Preis oder andere spezielle Eigenschaften seine definitive Auswahl zu treffen.
Ein praxisgerechtes System zur Auswahl von Arbeitssystem-Elementen muß das Problem der Ähnlichkeit von Elementen ebenso berücksichtigen wie die fehlerhafte Eingabe von Strukturdaten. Im folgenden Kapitel wird nun ein Programmsystem vorgestellt, das die rechnergestützte Auswahl von Arbeitssystem-Elementen ermöglicht.

5.3 Ein System zur rechnergestützten Lösung des Auswahlproblems

In den vorigen Abschnitten wurde dargestellt, daß eine praxisgerechte rechnerunterstützte Lösung des Auswahlproblems mindestens auf einem Datenverwaltungssystem basieren sollte, das

- Strukturfunktionen,
- Katalogfunktionen,
- Informationsfunktionen

zur Manipulation von Strukturen und Daten enthalten muß. Im Gegensatz zu den meisten heute auf dem Markt vorhandenen Datenbanksystemen muß darüber hinaus eine komfortable Benutzerschnittstelle den "naiven" EDV-Benutzer direkt am Arbeitsplatz unterstützen. Da die Lösung des Auswahlproblems unter der Option einer schnellen und kostengünstigen Basissoftware nicht durch die am Markt vorhandenen Softwarepakete abgedeckt werden konnte, wurde ein strukturunabhängiges menüorientiertes Informationssystem entwikkelt. Die Funktionsweise dieses Systems und die wichtigsten Algorithmen werden in diesem Kapitel dargestellt.

5.3.1 Aufbau der Strukturfunktionen

Die Begriffe Struktur, Objekt und Katalog werden wie folgt definiert und im weiteren Text auch in diesem Sinne verwendet.

> Eine Struktur ist die abstrakte, hierarchische Definition der Gestalt eines real vorkommenden Gegenstands oder Systems (z. B. eines Teilebehälters).
>
> Ein Objekt ist die Ausprägung eines real vorkommenden Gegenstands oder Systems einer bestimmten Struktur (z. B. Schäfer-Behälter).
>
> Ein Katalog ist die möglichst vollständige Sammlung von Objekten ein- und derselben Struktur (z. B. der Katalog der Teilebehälter).

Zur Strukturmanipulation werden die drei Hauptfunktionen

- Strukturdefinition,
- Strukturmodifikation,
- Strukturlöschung

benötigt. Der prinzipielle Unterschied bei diesen drei Funktionen liegt darin, daß die Funktion "Strukturdefinition" ohne bereits erfaßte Informationen auskommt, während die beiden anderen Funktionen auf Informationen bereits definierter Strukturen operieren.

5.3.1.1 Strukturdefinitionen

Zur Erstellung neuer Strukturen wird die Funktion "Strukturdefinition" benötigt. Wie bereits erwähnt, wird eine Struktur durch einen Hierarchiebaum beliebig vieler Ebenen repräsentiert. Jedes Teil dieser Struktur kann wiederum Unter- oder Teilstrukturen enthalten oder aus einer Beschreibung dieses Teils bestehen.
Jede Neudefinition einer Struktur beginnt mit der Vergabe eines

Namens der Struktur unter dem diese später angesprochen werden kann. Im Gegensatz zur späteren Erfassung von Objekten oder bei der Suche nach Objekten im Katalog ist die Definition einer Struktur ein relativ schwieriger, rekursiver Vorgang, weil:

- Eine Struktur nur identifizierende Anteile enthalten darf. Das bedeutet, daß bei der Strukturdefinition ein breites Wissen über das später zu durchsuchende Feld vorhanden sein muß.

- Eine Struktur überschaubar sein muß. Der Anwender muß also in der Definition von Suchbegriffen stets Kenntnis darüber haben, in welchem Bereich der Hierarchie er sich befindet.
  Dies ist aber nur möglich, wenn eine Struktur nicht zu fein gewählt wird.

- Eine Struktur veränderbar sein muß. Dies ist eine besonders wichtige Forderung, da die reale Welt ebenfalls ständigen Veränderungen unterworfen ist. Darüberhinaus wurde schon erwähnt, daß die Definition einer Struktur durchaus eine subjektive Tätigkeit ist, die nicht in jedem Falle von anderen Anwendern akzeptiert werden muß.

Mit dem System ist es nun möglich, eine beliebige Anzahl von Hierarchie-Ebenen zu definieren. In jeder dieser Ebenen können Unter-oder Teilstrukturen beschrieben sein, deren letztes Element aus einem Datum bestehen muß. Bild 47 zeigt den prinzipiellen Aufbau des zugrundeliegenden Hierarchiemodells.

Am Ende jeder Struktur (Teil- oder Unterstruktur) steht also ein Datum, in dem die aktuelle Ausprägung eines zu erfassenden Objekts festgelegt wird. Die Möglichkeiten der Beschreibung dieses Datums, d. h. die Festlegung des Definitionsbereichs bzw. die Bandbreite der möglichen Eingabewerte für die Objektmanipulation kann über die drei vordefinierten Eingabefelder vorgenommen werden:

- Bereichsangabe (Minimum, Maximum),
- Angabe von möglichen Einträgen,
- keine Spezifikationen.

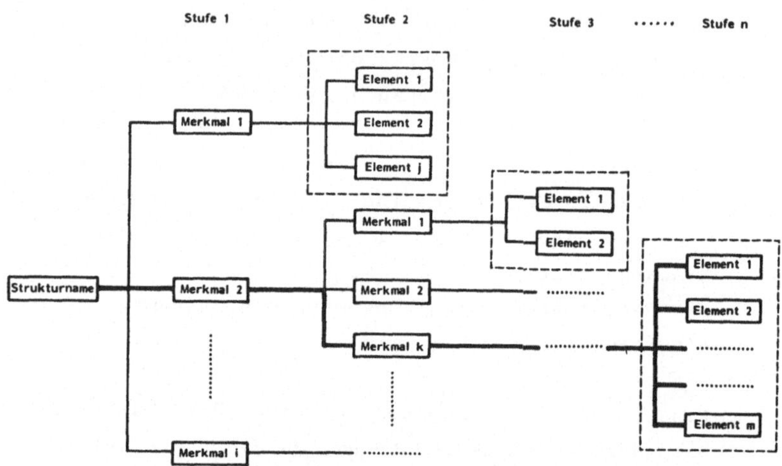

Bild 47: Prinzipieller Aufbau des Hierarchiemodells

Als eine mögliche Beschränkung der Werteeingabe von Objekten bietet sich die Bereichsangabe an. Hierbei definiert man die Grenzen des Wertebereiches, in dem die späteren Objektwerte liegen müssen. Dies geschieht durch die numerische Angabe eines Minimums/ Maximums oder beidem. Bei der späteren Eingabe von Objekten müssen dann die realen Werte innerhalb des vorgegebenen Wertebereichs liegen. Durch die Vorgabe eines Wertebereichs können beispielsweise Objekte, deren Maße nicht den üblichen Vorschriften (DIN-Normen etc.) entsprechen, von vorneherein aus der Betrachtung ausgeschlossen werden. Trotzdem sollte die Verwendung von Wertebereichen nicht zu restriktiv vorgenommen werden, da sonst die Gefahr besteht, daß zu wenig Objekte in den Katalog aufgenommen werden.
Aus diesem Grunde wurde eine Informationsfunktion definiert, die

dem Benutzer während des Suchprozesses bei Bedarf entsprechende Auskünfte über Normen, Gesetze, Richtlinien, arbeitswissenschaftliche Erkenntnisse usw. bietet. Die Eingabemöglichkeiten sind jedoch von diesen Informationen unabhängig.

Eine stärkere Differenzierung und damit auch eine größere Einschränkung der Eingabemöglichkeiten bedeutet die Festlegung von möglichen Objektwerten. Mit Hilfe der Funktion Angabe von möglichen Einträgen werden mögliche Objektwerte durch gezielte Angaben spezifiziert.
Die Eingabemöglichkeiten beim Material der "Sitzfläche eines Arbeitsstuhls" könnten z. B. durch die Einträge

- Holz,
- Metall,
- Kunststoff

eingeschränkt werden. Bei der späteren Objektmanipulation hätte dies die Auswirkung, daß nur noch Werte, die einer dieser Angaben entsprechen, akzeptiert werden. Die Verwendung dieser restriktiven Beschreibungsmöglichkeit empfiehlt sich immer dann, wenn die Struktur eines Objektes deutlich sichtbar wird und von daher mit wenigen Ausprägungen eingegrenzt werden kann. Für den späteren Benutzer dieser Vorgaben erleichtert sich die Arbeit mit dem Strukturschema, da er bei solchen Einträgen nur noch Ja- oder Nein-Entscheidungen treffen muß, und von ihm keine eigenen Überlegungen über die Sinnfälligkeit der vorliegenden Werte gefordert wird.

Im Gegensatz zu der vorher beschriebenen Funktion mögliche Einträge sind bei der Funktion keine Spezifikation alle Eingaben bei der späteren Objektmanipulation möglich. Beim Beispiel "Material der Sitzfläche eines Arbeitsstuhls" wäre dann die Eingabe "Polster mit Baumwollbezug" erlaubt. Um bei späteren Suchläufen in der Menge der Objekte fündig zu werden, ist jedoch eine gewisse Hilfestellung bei der Objekterfassung notwendig. Diese Hilfestellung wird durch eine eingabebegleitende Bemerkung für das momentan aktive Teil gegeben. Es besteht also die Möglichkeit, obwohl keinerlei Restriktionen bei der Eingabe vorgesehen sind, durch das Einblenden von Eingabevorschlägen den Benutzer in die richtige Richtung zu fuhren. Bei der Eingabe Material der Sitzfläche eines Arbeitsstuhls" würde das System folgende Eingabevorschläge machen:

Bemerkungen: Mögliche Eingaben wären Holz, Metall, Kunststoff, Polster mit Baumwollbezug.

5.3.1.2 Strukturmodifikation

Einmal definierte Strukturen müssen geändert werden können. Diese Forderung, die den Gegebenheiten der realen Welt entspricht, ist in der Datenverarbeitung im Bereich der hierarchischen Datenbanksysteme alles andere als trivial. Die Strukturmodifikation des Datenverwaltungssystems läßt die vier folgenden Funktionen zu:

1 Umbenennen einer Teilstruktur,
2 Löschen von Teilstrukturen,
3 Einfügen von Teilstrukturen,
4 Ändern von Einzelteilen.

Interessant sind dabei die Funktionen 2 und 3, die die Struktur prinzipiell verändern, während die Funktionen 1 und 4 nur Namensänderungen bewirken, den Strukturaufbau jedoch unverändert lassen. Zum besseren Verständnis der Möglichkeiten einer Strukturveränderung soll die folgende Definition eines Teilbaums führen:

Ein echter Teilbaum enthält:
- mindestens ein Blatt oder
- einen Knoten mit mindestens zwei Blättern oder
- beliebig viele miteinander verbundene Knoten mit allen zugehörigen Blättern.

Bei einem echten Teilbaum darf der identifizierende erste Knoten nicht enthalten sein.

Bild 48 zeigt den Aufbau der prinzipiell möglichen Teilbäume.

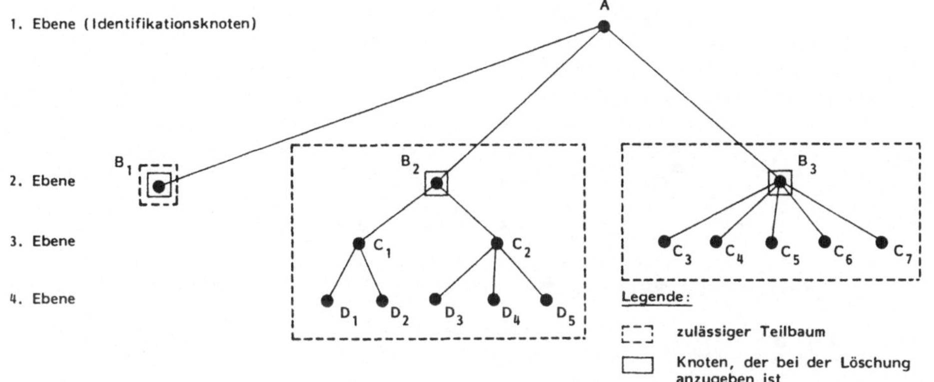

Bild 48: Zulässige Teilbäume bei einem Strukturbeispiel

Soll nun in einer Struktur ein Teilbaum gelöscht werden, so erreicht man dies durch die Angabe des letzten Knotens (Blattes), der (das) noch gelöscht werden soll. Damit wird der gesamte Teilbaum, dessen Wurzel dieser Knoten ist, einschließlich des Knotens selber gelöscht. Nach der Löschung des Teilbaums folgt eine Umordnung des Strukturbaums. Dabei wird in dem Fall, bei dem sich in der aktiven Ebene nur ein Knoten befindet, dieser Knoten eliminiert, und die Reststruktur wird in die nächste höhere Ebene geschoben. Dies verdeutlicht Bild 49.
Damit die Bezeichnung des Knotens B1 nicht vergessen wird, wird sie als B1/C2-Blatt solange geführt, bis die Bezeichnung manuell verändert wird. Da das Löschen von Teilstrukturen Auswirkungen auf die Datenbestände hat, muß diese Funktion sehr vorsichtig eingesetzt werden. Darüberhinaus bietet das System zu dieser Funktion Schutz- und Hilfeunterstützungen an.

Teilbäume können entweder neu definiert oder aus einer bereits bestehenden beliebigen Struktur in die gegenwärtig aktive Struktur kopiert werden. Bei beiden Möglichkeiten muß der Teilbaum dann an einem wohldefinierten Knoten aufgehängt werden. Danach wird der gesamte Strukturbaum vom System umgeordnet und neu sortiert.

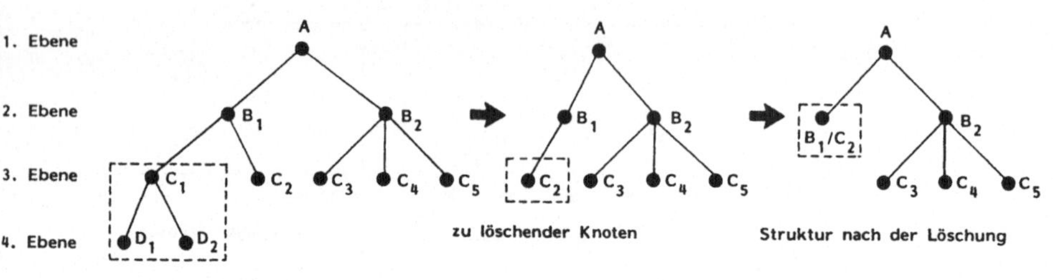

Bild 49: Löschung von Teilstrukturen

5.3.2 Katalogfunktionen

In vielen Bereichen des Arbeitslebens ist man heute darauf angewiesen, in Katalogen, Prospekten oder anderen Herstellerunterlagen zu suchen, die einem die Information geben, ob das beschriebene Produkt bestimmte Erwartungen erfüllt oder nicht. Häufig ist diese Suche mühsam und fast immer ist das Resultat unvollständig, da nur ein Teil aller möglichen Produkte in Katalogform vorliegt. Im folgenden Abschnitt soll nun gezeigt werden, wie mit Hilfe von vordefinierten Strukturen rechnergestützt Arbeitssystemelemente erfaßt und ausgewählt werden können.

5.3.2.1 Katalogerstellung (Objekterstellung)

Als Objekte wurden Ausprägungen von real vorkommenden Gegenständen bezeichnet. Unter Verwendung der Strukturfunktionen ist es möglich, einen beliebigen Gegenstand (z. B. einen Arbeitsstuhl) in kleine, sinnvolle Beschreibungseinheiten zu strukturieren. Diese Struktur ermöglicht es nun relativ einfach, alle bekannten Objekte zu benennen und mit ihren Strukturmerkmalen zu erfassen. Das Software-System liefert dabei die Strukturmasken und gibt, wenn nötig, Erklärungen zu den einzelnen Merkmalen.

Bei der Gestaltung eines solchen Softwarehilfsmittels bietet es sich an, die Fenstertechnik zu verwenden. Mit Hilfe der Fenstertechnik ist es möglich, während der Eingabe von bestimmten Merkmalen bei Bedarf Fenster zu öffnen, in denen erklärende Texte zu den Merkmalen erscheinen. Gleichzeitig ist es nach wie vor möglich, Einträge in den Katalog vorzunehmen. EDV-technisch gesehen bedeutet dies, daß ein Benutzer auf einem Bildschirm gleichzeitig mehrere Prozesse aktiv hat. Diese Arbeitsweise kommt der natürlichen Arbeitsweise (verschiedene Unterlagen liegen auf einem Arbeitsplatz und werden gleichzeitig bearbeitet) sehr nahe.

Unter Verwendung aller möglichen Informationsquellen, die zu Arbeitssystemelementen vorhanden sind (Herstellerinformationen, Arbeitssystem-Elemente-Kataloge, andere Produktinformationen) ist es also möglich, einen EDV-gestützten Katalog aufzubauen. Sicherlich sind in einem solchen "Katalog" nicht alle möglichen Informationen enthalten (speziell auf graphische Darstellungen wurde in der ersten Entwicklungsphase verzichtet). Der Vorteil der einfachen und schnellen Aktualisierung der Daten sowie die Möglichkeit der EDV-gestützten Suche machen diese Nachteile jedoch wett.

5.3.2.2 Suchfunktionen

Neben den bekannten Standard-Suchfunktionen, die Softwaresysteme heute bieten, wurde die Möglichkeit der sogenannten "schreibweisentoleranten Suche" implementiert. Bei dieser Suche geht man davon aus, daß der Benutzer nicht immer in der Lage ist, die genaue Schreibweise eines Produkts zu kennen. Beispielsweise werden bei der Suche nach einem Teilebehälter mit der Bezeichnung "Schäfer" bei der Eingabe von "Scheffer" immer noch richtige Objekte im Ka-

talog gefunden.
Die Verwendung der logischen Operatoren <u>und</u> bzw. <u>oder</u> ist bei der Suche ebenfalls möglich. Bei der Eingabe von "Schäfer;Bittler" werden alle Systemelemente des Katalogs, die von Schäfer <u>oder</u> Bittler sind, aufgelistet (das Semikolon wird hierbei als visuelle Darstellung des logischen <u>oder</u> verwendet).
Die Angabe von Prioritäten für einzelne Suchkriterien bedeutet, daß die so gekennzeichneten Anforderungen bei der Suche unbedingt eingehalten werden müssen. Somit kann der Benutzer sein Idealobjekt, das in der Regel so nicht im Katalog enthalten ist, sukzessive mit den real existierenden Objekten vergleichen und seine Anforderungen entsprechend reduzieren. Im untenstehenden Bild 50 wird die Zuordnung der im Planungsablauf ermitteltenen Arbeitsplatzkomponenten zu den im Systemelementekatalog gespeicherten Komponenten dargestellt.

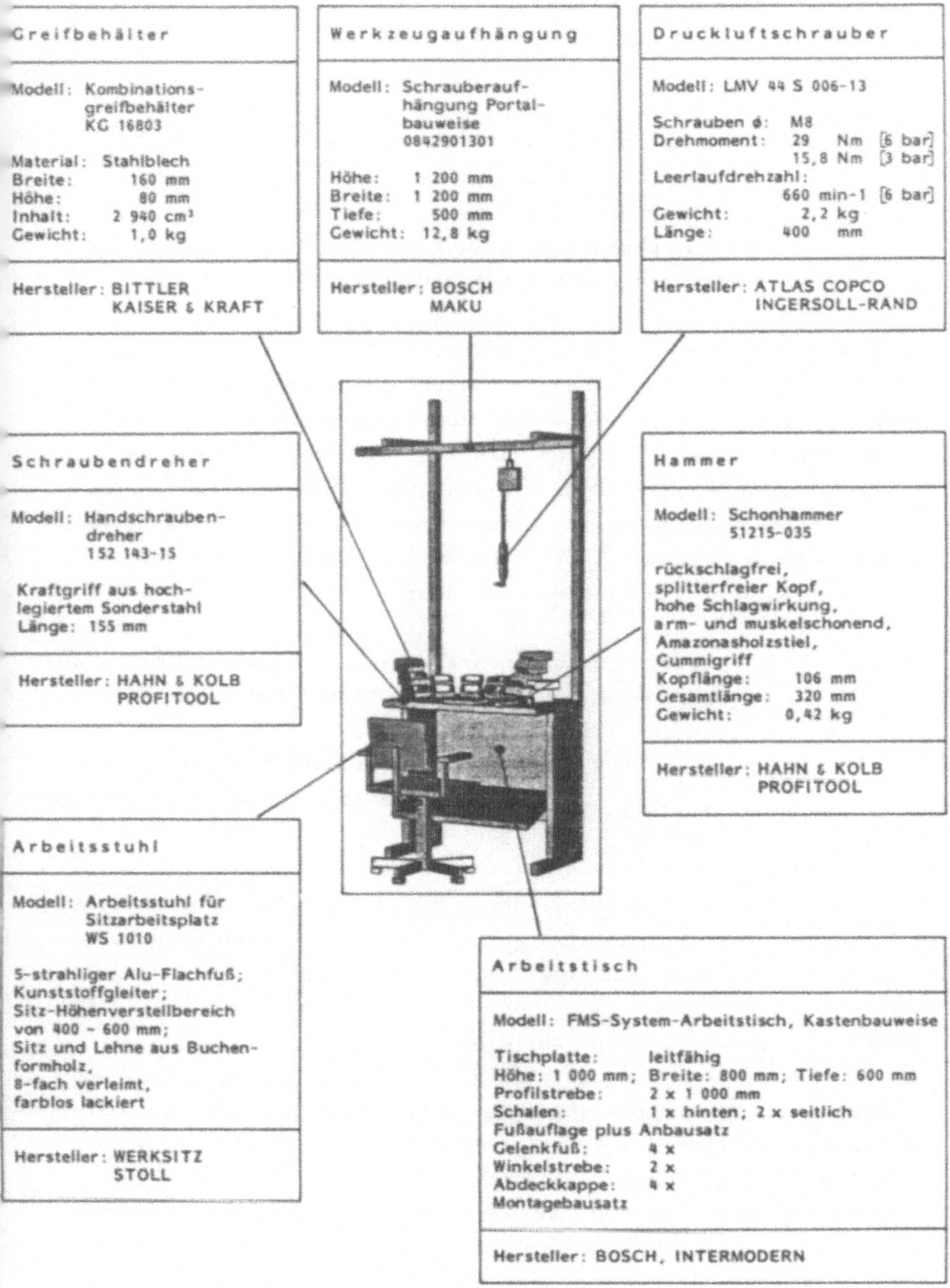

Greifbehälter

Modell: Kombinations-greifbehälter KG 16803

Material: Stahlblech
Breite: 160 mm
Höhe: 80 mm
Inhalt: 2 940 cm³
Gewicht: 1,0 kg

Hersteller: BITTLER, KAISER & KRAFT

Werkzeugaufhängung

Modell: Schrauberaufhängung Portalbauweise 0842901301

Höhe: 1 200 mm
Breite: 1 200 mm
Tiefe: 500 mm
Gewicht: 12,8 kg

Hersteller: BOSCH, MAKU

Druckluftschrauber

Modell: LMV 44 S 006-13

Schrauben ø: M8
Drehmoment: 29 Nm [6 bar]; 15,8 Nm [3 bar]
Leerlaufdrehzahl: 660 min-1 [6 bar]
Gewicht: 2,2 kg
Länge: 400 mm

Hersteller: ATLAS COPCO, INGERSOLL-RAND

Schraubendreher

Modell: Handschraubendreher 152 143-15

Kraftgriff aus hochlegiertem Sonderstahl
Länge: 155 mm

Hersteller: HAHN & KOLB, PROFITOOL

Hammer

Modell: Schonhammer 51215-035

rückschlagfrei,
splitterfreier Kopf,
hohe Schlagwirkung,
arm- und muskelschonend,
Amazonasholzstiel,
Gummigriff
Kopflänge: 106 mm
Gesamtlänge: 320 mm
Gewicht: 0,42 kg

Hersteller: HAHN & KOLB, PROFITOOL

Arbeitsstuhl

Modell: Arbeitsstuhl für Sitzarbeitsplatz WS 1010

5-strahliger Alu-Flachfuß;
Kunststoffgleiter;
Sitz-Höhenverstellbereich von 400 - 600 mm;
Sitz und Lehne aus Buchenformholz,
8-fach verleimt,
farblos lackiert

Hersteller: WERKSITZ, STOLL

Arbeitstisch

Modell: FMS-System-Arbeitstisch, Kastenbauweise

Tischplatte: leitfähig
Höhe: 1 000 mm; Breite: 800 mm; Tiefe: 600 mm
Profilstrebe: 2 x 1 000 mm
Schalen: 1 x hinten; 2 x seitlich
Fußauflage plus Anbausatz
Gelenkfuß: 4 x
Winkelstrebe: 2 x
Abdeckkappe: 4 x
Montagebausatz

Hersteller: BOSCH, INTERMODERN

<u>Bild 50:</u> Auswahl von Arbeitsplatzelementen (Beispiel)

6 Hard- und Softwarevoraussetzungen

Die Entwicklung aller Programme, die ein integriertes System zur Planung und Gestaltung manueller Montagearbeitsplätze in den Bereichen

- wissensbasierte Anordnung von Teilebehältern,
- graphische interaktive Manipulation von Montagearbeitsplatzelementen,
- rechnergestützte Auswahl von Arbeitsplatzelementen,
- Übernahme graphischer Daten,

ergeben, erfolgte auf einer VAX-Station II, einem Rechner der VAX-Familie unter dem Standardbetriebssystem VMS. Rechner dieser Familie sind heute in den wissenschaftlich-technischen Bereichen vieler Unternehmen zu finden. Ein Ziel dieser Arbeit war es zu zeigen, daß es möglich ist, mit den heute auf dem Markt verfügbaren Standard-Hard- und Softwarekomponenten die wissensbasierte graphische Greifraumgestaltung zu realisieren. Die eingesetzte Workstation verfügte im einzelnen über

- einen hochauflösenden Graphik-Bildschirm mit einer Auflösung von 1024 x 800 Pixeln bei einer Bildschirmgröße von 33 x 28 cm;
- eine Maus mit drei programmierbaren Tasten, mit der ein Graphikcursor über den gesamten Bildschirm bewegt werden kann;
- ein alphanumerisches Keyboard;
- eine Zentraleinheit mit 9 MByte Hauptspeicher, ein Plattenlaufwerk mit 71 MByte und eine Bandstation mit 95 MByte.

Die Ansteuerung des Graphikbildschirms erfolgt hardwareunterstützt über einen Videocontroller, der direkt an den Daten- und Adreßbus des Prozessors angehängt ist, so daß ein sehr schneller Bildaufbau gewährleistet ist. Außerdem ist die Workstation über ein ETHERNET mit anderen Rechnern der VAX-Familie verbunden.
Die Workstation wird über das Betriebssystem MicroVMS betrieben,

das zu 100% zum VMS-Betriebssystem der anderen VAX-Rechner kompatibel ist. Darüber hinaus sind im MicroVMS Funktionen beinhaltet, die direkt auf die besondere Hardware zugeschnitten sind. So z.B. ein Fenstersystem, das es erlaubt, auf dem Graphikbildschirm in verschiedenen Fenstern beliebige Prozesse zu steuern. Ferner werden einige komfortable Prozeduren und Funktionen, die in dieser Arbeit verwendet wurden, für die einzelnen Programmiersprachen zur Verwaltung und Steuerung des Graphikbildschirms, der Maus und der Tastatur bereitgestellt.
Als Programmiersprache für die Codierung des Graphikteils wurde das auf der Workstation zur Verfügung stehende VAX-PASCAL gewählt, da diese Sprache eine strukturierte Programmierung unterstützt und sowohl für die arithmetischen Operationen, die hauptsächlich bei der Generierung der dreidimensionalen Ansicht gebraucht werden, als auch zur Verarbeitung von Texten und strings geeignet ist.
Die wissensbasierte Komponente wurde in einer PROLOG-Version der Firma INTERFACE, München erstellt. Das IF-PROLOG entspricht den Definitionen von Clocksin und Mellish /16/ und wird in Deutschland relativ häufig eingesetzt.

7 Zusammenfassung und Ausblick

In der Montage machen die manuellen Montagearbeitsplätze nach wie vor das Gros aller Montageplätze aus. Aufgrund sehr variantenreicher Werkstückspektren, geringer Losgrößen und den oft komplizierten feinmotorischen Montagetätigkeiten ist derzeit die Automatisierung vieler Montagevorgänge nicht wirtschaftlich und in vielen Fällen auch technisch nicht machbar. Wegen der vorhandenen Komplexität des menschlichen Hand-Arm-Systems und den damit verbundenen Schwierigkeiten bei der Modellbildung konnte bisher kein Programmsystem zur Planung und Gestaltung manueller Montagearbeitsplätze entwickelt werden, das praktischen und wirtschaftlichen Kriterien genügte.

Im Rahmen der vorliegenden Arbeit wird nun ein Verfahren vorgestellt das die Gestaltung manueller Montagearbeitsplätze nach ergonomischen und wirtschaftlichen Kriterien unterstützt.

Die Grundlage zur interaktiven graphischen Gestaltung des Arbeitsraums manueller Montagearbeitsplätze bilden die Modelle von Arbeits- und Greifraum. Neben dem Aufbau dieser Modelle ist die Einbettung des Greifraummodells in das Arbeitsraummodell von Bedeutung. Ausgehend von einem biomechanischen Modell des Hand-Arm-Systems mit 10 Freiheitsgraden konnte gezeigt werden, daß trotz der vorgenommenen Vereinfachungen, bei der Berechnung der Greifraumgrenzen eine für die Arbeitsraumgestaltung hinreichende Genauigkeit möglich ist.

Zur Anordnung der Teilebehälter an einem manuellen Montagearbeitsplatz wurde auf der Basis eines Regelsystems eine wissensbasierte Komponente entwickelt, die Anordnungsvorschläge liefert. In der Anordungsprozedur werden diese Regeln, Fakten über Behälter, Behälterklassen und Arbeitsplatzlayout gegenübergestellt.

Realisiert wurde das Gestaltungssystem auf der Basis einer graphischen Benutzeroberfläche die eine interaktive graphische Manipulation der Anordnungsvorschläge erlaubt.

Die in dieser Arbeit vorgestellten Lösungen decken nur einen Teil der Möglichkeiten und Anforderungen ab, die ein rechnergestütztes Gestaltungssystem erfüllen sollte. Aus der Arbeits- und Ingenieurwissenschaft sind eine Reihe von Funktionen bekannt, deren Integration in das Gestaltungssystem von Nutzen wären. Wünschenswert wäre die Entwicklung von Hilfsmitteln zur Bearbeitung der folgenden Funktionen:

- Ausbau des biomechanischen Modells zur flexiblen Greifraumberechnung in Abhängigkeit des gewählten Percentils zur Bestimmung weiterer ergonomischer Grunddaten wie z. B.: Muskelkräfte oder Zwangsmomente auf die Gelenke.

- Kollisionsprüfung zwischen dem Körper-Modell des Arbeitsausführenden und den Systemelementen am Arbeitsplatz während der zum Arbeitsablauf notwendigen Bewegungen.

- Bestimmung von Taktzeiten für manuelle Tätigkeiten am Arbeitsplatz.

- Aufbau einer Regelbasis, in der Unfallverhütungsvorschriften und ergonomische Erkenntnisse bei der Konfiguration des Gesamtsystems abgefragt werden.

Dieser Beitrag zur Planung und Gestaltung manueller Montagearbeitsplätze soll weitere Entwicklungen im Sinne einer besseren und humaneren Arbeitswelt initiieren.

8 Literatur

/1/ Ammer, E.-D.: Rechnerunterstützte Planung von Montageablaufstrukturen für Erzeugnisse der Serienfertigung. Stuttgart: Universität, Dissertation 1984.

/2/ Abele, E. (et al): Einsatzmöglichkeiten von flexibel automatisierten Montagesystemen in der industriellen Produktion (Montagestudie). Bonn: Schriftenreihe HdA, Band 61 1984.

/3/ Bapu, P.; Evans, S.; Kitka, P.; Korna, M.; McDaniel, J.: User's Guide for Combiman Programs, Version 4. University of Dayton Research Institute. Dayton, Ohio Feb. 1980.

/4/ Blakeley, F.M.: Cyberman. Chrysler Corp. Detroit, Michigan 1980.

/5/ Bonney, M.C.; et al: Using SAMMIE Computer Aided Design System for Workplace Design. Institute of Management Services Cambridge: Summer School 1980.

/6/ Bonney, M.C.; Case, K.; Porter,J.M.: User Needs in Computerized Man Models. In: Easterby (et al) (Eds): Anthropometry and Biomechanics. New York: Plenum Press 1982.

/7/ Boothroyd, G.; Dewhurst, P.: Design for Assembly. University of Massachusetts Amherst: University 1983.

/8/ Brownstone, L.; Farrel, R.; Kent, E.; Martin, N.: Programming Expert Systems in OPS 5. An Introduction to Rule-Based Programming. Reading, Massachusetts: Addison-Wesley Publishing Comp. 1985.

/9/ Buchanan, B.; Shortliffe, E.: Rule-Based Expert Systems: The MYCIN Experiments of the Stanford Heuristic Programming Project.

/10/ Bullinger, H.-J.: Grundsätze der Dialoggestaltung. In: Handbuch der modernen Datenverarbeitung. Heft 126 Wiesbaden: Forkel-Verlag November 1985.

/11/ Bullinger, H.-J. (Hrsg.): Software Ergonomie '85 Mensch-Computer-Interaktion. Berichte des German Chapter of the ACM Stuttgart: B.G. Teubner 1985.

/12/ Bullinger, H.-J. (Hrsg.): Systematische Montageplanung. München, Wien: Carl Hanser Verlag 1986.

/13/ Burandt, U.: Ergonomie für Design und Entwicklung. Köln: Dr. Otto Schmidt Verlag 1978.

/14/ Cahill, H.E.; Davis, R.C.: ADAM - A Computer Aid to Maintainability Design. Proceedings of the 1984 Annual Reliability and Maintainability Symposium 1984.

/15/ Chen, P.P.(Hrsg): Entity-Relationship Approach for Systems Analysis and Design. Amsterdam: North-Holland 1980.

/16/ Clocksin, W.F.; Mellish, C.S.: Programming in PROLOG. Berlin, Heidelberg, New York, Tokyo: Springer Verlag 1984.

/17/ Codd, E.F.: Extending the Data Base Relational Model to Capture More Meaning. IBM Res. Rep. RJ 2599, 1979.

/18/ Date, C.J.: An Introduction to Database Systems. Third Edition, Reading, Massachusetts: Addison-Wesley Publishing Comp. 1982.

/19/ Dooley, M.: Anthropometric Modeling Programs, A Survey. IEEE Computer Graphics and Applications 2 (1982).

/20/ Dzida,W.: Ergonomische Normen für die Dialoggestaltung. Wem nützen die Gestaltungsgrundsätze im Entwurf DIN 66234 Teil 8 ? In: Bullinger, H.-J.(Hrsg.): Software-Ergonomie '85. Mensch-Computer-Interaktion. Stuttgart: B.G. Teubner 1985.

/21/ Eigner, M.; Maier,H.: Einführung und Anwendung von CAD-Systemen. München, Wien: Carl Hanser Verlag 1982.

/22/ Eigner, M.: Dreidimensionale Modellierungstechniken im Vergleich. CAD-CAM Report Nr.2 (1986).

/23/ Elias, H.J.; Lux, C.: Ergonomische Simulation auf CAD mit Franky. CAD/CAM 4 (1986) S.73-85.

/24/ Elias, H.J.; Istanbuli, S.: Technische Hilfsmittel zur ergonomischen Arbeitsplatzgestaltung. Institut der deutschen Wirtschaft, Köln: PRODIS Report Nr.7 1987.

/25/ Fähnrich, K.-P.: Konzeption und Realisierung von Expertensystemen: Wissensbasierte Systeme zur Entscheidungsunterstützung im Unternehmen. Tagungsband KOMMTECH 1986, Velbert: ONLINE GmbH 1986.

/26/ Feldmann, K.; Hemberger, A.: Rechnereinsatz in der Montageplanung. VDI-Z, Band 129 Nr.5, Mai 1987.

/27/ Fischer, G.: Improving Human-Computer Communikation with Knowledge-based Systems. In: Otway, H.J.; Peltu, M.(Hrsg.): New Office Technology: The Managerial Challenge. 1983.

/28/ Ginsberg,C.M.; Maxwell, D.: Graphical Marionette. In: Badler, N.J.; Tsotsos, J. (Eds.): Motion: Representation and Perception. New York: North-Holland 1986.

/29/ Grob, R.; Haffner, H.: Planungsleitlinien Arbeitsstrukturierung Systematik zur Gestaltung von Arbeitssystemen. Berlin München: Verlag Siemens AG 1982.

/30/ Haller, E.: Rechnergestützte Gestaltung ortsgebundener Montagearbeitsplätze, dargestellt am Beispiel kleinvolumiger Produkte. Stuttgart: Universität, Dissertation 1982.

/31/ Hickey, D.T.; Rothwell, P.L.: Crewstation Assessment of Reach-CAR III: Evaluation of the Model for Use in CF Aircrew/Cockpit Compatibility Evaluation (ACCE). Downsview, Ontario: Defence and Civil Institute of Environmental Medicine, 1986.

/32/ Hickey, D.T.; Pierrynowski, M.; Man-Modelling CAD-Programs for Workspace Evaluations. Defence and Civil Institute of Environment Medicine. Downsview, Ontario: 1985.

/33/ Jenner, R.-D.; Kaufmann, H.; Schäfer, D.: Bosch-Arbeitshilfen für die ergonomische Arbeitplatzgestaltung. Bosch-Industrieausrüstung (Hrsg.), Stuttgart: Eigenverlag 1985.

/34/ Konold, P.; Kern, H.; Arbeitssystem-Elemente-Katalog. Mainz: Krauskopf/REFA-Verlag 1977.

/35/ Konold, P.; Weller, B.: Flexible Montagesysteme - Konzeption und Feinplanung durch Kombination von Elementen. Berlin Heidelberg: Springer Verlag 1985.

/36/ Korein,J.U.: A Geometric Investigation of Reach. Cambridge, Massachusetts: The MIT Press 1985.

/37/ Kroemer, K.H.E.; Chaffin, D.B.(eds): Anthropometry and Biomechanics - Theory and Applications. New York: Plenum Press 1982.

/38/ Lay, K.: Entwicklung eines integrierten Informations- und Kommunikationssystems im technischen Büro. Tagungsband KOMMTECH 1986, Velbert: ONLINE GmbH 1986.

/39/ Lemke, H.J.: 3D Computer Graphics. Berlin: CAD-Kolloquium, 1986.

/40/ Lippmann, R.: Arbeitsplatzgestaltung mit Hilfe von CAD Refa-Nachrichten 3 (1986).

/41/ Lorenz, D.: Gestaltung von Maschinenarbeitsplätzen mit Hilfe der Video-Somatographie. München: Berichte der Fraunhofer-Gesellschaft 3/4 (1983).

/42/ Lotter, B.: Wirtschaftliche Montage. Düsseldorf: VDI Verlag 1986.

/43/ Martin, P.; Widmer, H.-J.: Ergonomische Arbeits-und Dialoggestaltung von CAD-Systemen. CAD-CAM Report 3+4 (1987).

/44/ Materne, A.T.; Sepheri, M.: Integrating Manufacturing Systems Using TRW's CIM Data Engine. Industrial Engineering 10 (1986).

/45/ McCarthy (et al): LISP 1 Programmers Manual. Artificial Intelligence Group, MIT Cambridge, Massachusetts: March 1960.

/46/ Metzger, H.: Planung und Bewertung von Arbeitssystemen in der Montage. Mainz: Krausskopf-Verlag 1977.

/47/ Miese, M.: Systematische Montageplanung in Unternehmen mit Einzel-und Kleinserienproduktion. Aachen: Dissertation TH 1973.

/48/ Nevins, J.L; Whitney, D.E.: Assembly Research. Automatica, Vol.16 (1980).

/49/ Newmann, W.H.; Sproull, R.F.: Principles of Interactive Computer Graphics. New York: International Student Edition, Mc-Graw Hill 1984.

/50/ Ortner, E.: Semantische Modellierung - Datenbankentwurf auf der Ebene der Benutzer. Informatik Spektrum Nr.8 (1985).

/51/ o.V.: Taschenbuch der Arbeitsgestaltung. IfaA Köln: Verlag J.P.Bachem 1977.

/52/ o.V.: Bittler Katalog 987. Bittler Montagetechnik GmbH+Co, Berlin: April 1987.

/53/ o.V.: Methodenlehre des Arbeitsstudiums. Teil 3: Kostenrechnung, Arbeitsgestaltung. München: REFA-Verband für Arbeitsstudien Carl Hanser Verlag 1969.

/54/ o.V: Arbeitsplatzabmessungen für Hand-und Maschinenarbeitsplätze. Stuttgart: Eigenverlag, Bosch-Industrieausrüstung 1980.

/55/ o.V: Bosch-Flexible Automation FMS-Arbeitsplatzausrüstung: Baueinheiten für die Gestaltung von Handarbeitsplätzen. Stuttgart: Eigenverlag, Bosch-Industrieausrüstung 1985.

/56/ o.V: DIN 33402 - Teil 1: Körpermaße des Menschen (Begriffe, Meßverfahren), 1978. DIN 33402 - Teil 2: Körpermaße des Menschen (Werte), 1986. Beiblatt zu DIN 33402 - Teil 2: Werte, Anwendung von Körpermaßen in der Praxis, 1984. Deutsches Institut für Normung (DIN), Berlin: Beuth Verlag 1987.

/57/ o.V.: MTM - Entwicklung und Anwendung. Schriftenreihe des Instituts für angewandte Arbeitswissensschaft, Köln: 1983.

/58/ o.V.: Grundsätze der Dialoggestaltung. Redaktioneller Entwurf zur DIN 66234, Teil 8 (23.2.1984), 1984.

/59/ o.V.: Handbuch der Arbeitsgestaltung und Organisation. Düsseldorf: VDI-Verlag 1980.

/60/ o.V.: Medusa-Interface-Format. Manual: MED7004/1/0 Cambridge, England: Cambridge Interactive Systems Ltd. 1984.

/61/ Pratt, M.J.: IGES - the Present State and Future Trends. Computer Aided Engineering Journal, 8 (1985).

/62/ Pulat, B.M.: Computer Aided Techniques for Crew Station, Work-space-organizer - WORG, Workstation-layout-generator - WOLAG. (PC A03/MF A01) Greensboro, North Carolina Agricultural and Technical State University 1983.

/63/ Ramsli, E.: A Method to Estimate Equipment Cost in Automatic Assembly Systems. Amherst: Proc. 15th CIRP 1983.

/64/ Renaud, C., Amphonx, M.; Steck, R.: Concepts of Human Body Modelling. Original work submitted to NATO Defence Research Group Panel VIII, RSG-9. On: Modelling of Human Operator Performance in Weapon Systems, Paris 1984.

/65/ Requicha, A.A.G.: Representation for Rigid Solids: Theory, Methods and Systems. ACM Computing Surveys 4 (1980).

/66/ Ryan, P.W.: Cockpit Geometry Evaluation. Phase III. Report No.: D162-10125-3; The Boing Company, Seattle Washington 1972.

/67/ Sämann, W.: Charakteristische Merkmale und Auswirkungen ungünstiger Arbeitshaltungen. Berlin: Beuth-Vertriebs GmbH 1970.

/68/ Schmidt-Streier, U.: Methode zur rechnergestützten Einsatzplanung von programmierbaren Handhabungsgeräten. Stüttgart: Universität, Dissertation 1981.

/69/ Smith, J.M.; Smith, D.C.: Data Base Abstractions: Aggregation and Generalization. ACM Trans. Database Syst.2 (1977).

/70/ Stetten, R.v.: Auslegung von Störpuffern in kapitalintensiven Fertigungslinien. Stuttgart: Universität, Dissertation 1977.

/71/ Tsotsis, G.: Entwicklung eines biomechanischen Modells des Hand-Arm-Systems. Stuttgart: Universität, Dissertation 1987.

/72/ Vogel, W.: Lineares Optimieren. Leipzig: Akademische Verlagsgemeinschaft 1967.

/73/ Warnecke, G; CAD/CAM-Kopplung unter Einbeziehung der Technologieplanung. VDI-Z Bd.129 Nr.5, (1987).

/74/ Warnecke, H.J.; Haaf, D.: Systematische Strukturplanung automatischer Montagesysteme für die Mittel- bis Großserienproduktion.
Stuttgart: DFG-Bericht, WA 270/36, 1979.

/75/ Weiler, K.: Edge-based Data Structures for Solid Modeling in Curved-surface Environments.
CG&A, 9 (1986).

/76/ Zeltzer, D.: Motor Control Techniques for Figure Animation.
IEEE Computergraphics and Applications 2 (9) 1982.

IPA Forschung und Praxis

Schriftenreihe aus dem Institut für Produktionstechnik und Automatisierung, Stuttgart

Herausgeber: Prof. Dr.-Ing. H. J. Warnecke

Datenerfassung im Produktionsbereich
Von E. Bendeich. ISBN 3-7830-0117-8.
1977, 176 Seiten, kartoniert 54,— DM

Methodenauswahl für die Materialbewirtschaftung in Maschinenbau-Betrieben
Von H. Graf. ISBN 3-7830-0136-6.
1977, 144 Seiten, kartoniert. 54,— DM

Systematische Auswahl von Förderhilfsmitteln für den innerbetrieblichen Materialfluß
Von W. Rau. ISBN 3-7830-0139-0.
1977, 103 Seiten, kartoniert. 40,— DM

Grundlagen zur Planung von Ersatzteilfertigungen
Von E. Schulz. ISBN 3-7830-0138-2.
1977, 98 Seiten, kartoniert. 40,— DM

Rechnerunterstützte Fabrikplanung
Von B. Minten. ISBN 3-7830-0116-1.
1977, 124 Seiten, kartoniert. 38,— DM

Eine Planungsmethode für automatische Montagesysteme
Von H.-G. Lohr. ISBN 3-7830-0120-X.
1977, 108 Seiten, kartoniert. 32,— DM

Planung und Bewertung von Arbeitssystemen in der Montage
Von H. Metzger. ISBN 3-7830-0131-5
1977, 108 Seiten, kartoniert. 40,— DM

Klassifizierungssystem für Prüfmittel der industriellen Längenprüftechnik
Von R. Czetto. ISBN 3-7830-0144-7
1978, 181 Seiten, kartoniert 64,— DM

Rechnerunterstützte Montageplanung
Von O. Hirschbach. ISBN 3-7830-0149-8
1978, 146 Seiten, kartoniert 52,— DM

Rechnerunterstützte Entwicklung von Simulationsmodellen für Unternehmensplanspiele
Von A. Moker. ISBN 3-7830-0147-1
1978, 181 Seiten, kartoniert. 64,— DM

Arbeitsplatzanalysen zur Ermittlung der Einsatzmöglichkeiten und Anforderungen an Industrieroboter
Von G. Herrmann. ISBN 37830-0151-X
1978, 113 Seiten, kartoniert 40,— DM

MFSP — Ein Verfahren zur Simulation komplexer Materialflußsysteme
Von G. Stemmer. ISBN 3-7830-0118-8.
1977, 140 Seiten, kartoniert. 60,— DM

Berührungslose Erkennung durch Positionsbestimmung von Objekten durch inkohärent-optische Korrelation
Von M. Konig. ISBN 3-7830-0137-4
1977, 110 Seiten, kartoniert. 40,— DM

Auslegung von Störungspuffern in kapitalintensiven Fertigungslinien
Von R. v. Stetten. ISBN 3-7830-0140-4
1977, 154 Seiten, kartoniert. 56,— DM

Flexible Transportablaufsteuerung
Von G. Romer. ISBN 3-7830-0114-5
1977, 188 Seiten, kartoniert 60,— DM

Rechnergestützte Realplanung von Fabrikanlagen
Von T.-K. Sauter. ISBN 3-7830-0119-6.
1977, 108 Seiten, kartoniert. 32,— DM

Systematisches Auswählen und Konzipieren von programmierbaren Handhabungsgeräten
Von R. D. Schraft. ISBN 3-7830-0115-3
1977, 108 Seiten, kartoniert. 32,— DM

Auslandsproduktion
Von W. Cypris. ISBN 3-7830-0145-5.
1978, 126 Seiten, kartoniert. 42,— DM

Wirtschaftlicher Einsatz von Mehrkoordinatenmeßgeräten
Von M. Dietzsch. ISBN 3-7830-0148-X.
1978, 142 Seiten, kartoniert. 52,— DM

Fertigungssteuerung bei flexiblen Arbeitsstrukturen
Von K.-G. Lederer. ISBN 3-7830-0146-3.
1978, 128 Seiten, kartoniert. 42,— DM

Untersuchungen zum Polieren und Entgraten durch elektrochemisches Oberflächenabtragen
Von K. Zerweck. ISBN 3-7830-0150-1.
1978, 110 Seiten, kartoniert 40,— DM

Stufenweise Ableitung eines praktischen Planungssystems für den Entwicklungsbereich
Von R. Hichert. ISBN 3-7830-0149-8.
1978, 151 Seiten, kartoniert. 52,— DM

Produktionsplanung mit Auftragsfamilien
Von U. W. Geitner. ISBN 3-7830-0161.7.
1979, 110 Seiten, kartoniert. 45,— DM

Thermisch-chemisches Entgraten
Von T. Wagner. ISBN 3-7830-0164-1.
1979, 111 Seiten, kartoniert. 45,— DM

Untersuchung der Materialflußkosten bei ausgewählten Systemen der Zentralen Arbeitsverteilung
Von R. Wenzel. ISBN 3-7830-0162-5.
1979, 168 Seiten, kartoniert. 86,— DM

Anpassung und Einführung eines Planungssystems für die Ablaufplanung im Konstruktionsbereich
Von W. Dangelmaier. ISBN 3-7830-0163-3.
1979, 168 Seiten, kartoniert. 80,— DM

Längenmessungen an bewegten Teilen mit berührungslos wirkenden Aufnehmern
Von H. Lang. ISBN 3-7830-0157-9.
1979, 89 Seiten, kartoniert. 42,— DM

Untersuchung multistabiler Strömungselemente und ihr Einsatz in sequentiellen Steuerungen
Von A. Ernst. ISBN 3-7830-0157-9.
1979, 122 Seiten, kartoniert. 48,— DM

Taktile Sensoren für programmierbare Handhabungsgeräte
Von M. Schweizer. ISBN 3-7830-0158-7.
1979, 91 Seiten, kartoniert. 42,— DM

Die rechnerunterstützte Prüfplanung
Von P. Bläsing. ISBN 3-7830-0152-8.
1979, 100 Seiten, kartoniert. 44,— DM

Verfahren zur Fabrikplanung im Mensch-Rechner-Dialog am Bildschirm
Von W. Ernst. ISBN 3-7830-0156-0.
1979, 218 Seiten, kartoniert. 72,— DM

Rechnerunterstütztes Verfahren zur Leistungsabstimmung von Mehrmodell-Montagesystemen
Von M. Görke. ISBN 3-7830-0155-2.
1979, 139 Seiten, kartoniert. 50,— DM

Standortbezogene Betriebsmittel
Von G. Pflieger. ISBN 3-7830-0167-6.
1979, 127 Seiten, kartoniert. 52,— DM

Die betriebswirtschaftliche Beurteilung neuer Arbeitsformen
Von B.-H. Zippe. ISBN 3-7830-0168-4.
1979, 350 Seiten, kartoniert. 98,— DM

Untersuchung des Arbeitsverhaltens programmierbarer Handhabungsgeräte
Von B. Brodbeck. ISBN 3-7830-0169-2.
1979, 117 Seiten, kartoniert. 48,— DM

Untersuchung eines kohärent-optischen Verfahrens zur Rauheitsmessung
Von N. Rau. ISBN 3-7830-0174-9.
1979, 117 Seiten, kartoniert. 48,— DM

Entwicklung einer programmierbaren, pneumatischen Steuerung
Von D. Klemenz. ISBN 3-7830-0171-4.
1979, 93 Seiten, kartoniert. 42,— DM

IPA Forschung und Praxis

Berichte aus dem Fraunhofer-Institut für Produktionstechnik und Automatisierung, Stuttgart, und dem Institut für Industrielle Fertigung und Fabrikbetrieb der Universität Stuttgart

Herausgeber: Prof. Dr.-Ing. H. J. Warnecke

---

38 **Arbeitsgangterminierung mit variabel strukturierten Arbeitsplänen — Ein Beitrag zur Fertigungssteuerung flexibler Fertigungssysteme**
Von U. Maier. ISBN 3-540-10213-2
1980, 111 Seiten mit 45 Abbildungen 43.– DM

39 **Kapazitätsabgleich bei flexiblen Fertigungssystemen**
Von P. S. Nieß ISBN 3-540-10372-4
1980, 151 Seiten mit 57 Abbildungen 48.– DM

40 **Schichtdickenverteilung auf galvanisierten Paßteilen am Beispiel kleiner abgesetzter Wellen und Bohrungen**
Von D. Wolfhard. ISBN 3-540-10373-2
1980, 177 Seiten mit 83 Abbildungen 48.– DM

41 **Planung von Mehrstellenarbeit unter Berücksichtigung von Umfeldaufgaben**
Von S. Haußermann. ISBN 3-540-10374-0
1980, 136 Seiten mit 59 Abbildungen 48.– DM

42 **Untersuchungen zur Schmierfilmdicke in Druckluftzylindern — Beurteilung der Abstreifwirkung und des Reibungsverhaltens von Pneumatikdichtungen mit Hilfe eines neu entwickelten Schmierfilmdicken-meßverfahrens**
Von R. Köhnlechner. ISBN 3-540-10375-9
1980, 100 Seiten mit 38 Abbildungen und 4 Tabellen 43.– DM

43 **Typologie zum überbetrieblichen Vergleich von Fertigungssteuerungsverfahren im Maschinenbau**
Von G. Rabus. ISBN 3-540-10376-7
1980, 174 Seiten mit 88 Abbildungen und 21 Tafeln 48.– DM

44 **System zur Planung des Umlaufbestandes in Betrieben mit Serienfertigung**
Von K.-G. Wilhelm. ISBN 3-540-10377-5
1980, 142 Seiten mit 67 Abbildungen und 15 Tafeln 48.– DM

45 **Rechnerunterstützte Arbeitsplanerstellung mit Kleinrechnern, dargestellt am Beispiel der Blechbearbeitung**
Von W. Hoheisel. ISBN 3-540-10505-0
1981, 169 Seiten mit 74 Abbildungen 48.– DM

46 **Beitrag zur Verbesserung der Wirtschaftlichkeit EDV-unterstützter Fertigungssteuerungssysteme durch Schwachstellenanalyse**
Von J. Lienert. ISBN 3-540-10506-9
1981, 148 Seiten mit 37 Abbildungen 48.– DM

47 **Die Abscheidung von Öl an Entlüftungsöffnungen drucklufttechnischer Anlagen**
Von W.-D. Kiessling. ISBN 3-540-10604-9
1981, 117 Seiten mit 48 Abbildungen und 3 Tabellen. 43.– DM

48 **Dynamische Optimierung technisch-ökonomischer Systeme**
Von J. Warschat. ISBN 3-540-10717-7
1981, 132 Seiten mit 60 Abbildungen 43,– DM

49 **Bildsensor zur Mustererkennung und Positionsmessung bei programmierbaren Handhabungsgeräten**
Von H. Geißelmann. ISBN 3-540-10735-5.
1981, 125 Seiten mit 52 Abbildungen. 43,– DM

50 **Verfügbarkeitsberechnung für komplexe Fertigungseinrichtungen**
Von Ekkehard Gericke. ISBN 3-540-10779-7.
1981, 132 Seiten mit 71 Abbildungen. 43,– DM

51 **Materialflußgestaltung in Fertigungssystemen**
Von Willi Rößner. ISBN 3-540-10888-2.
1981, 149 Seiten mit 76 Abbildungen. 48,– DM

52 **Beitrag zur Analyse der Auswirkungen der Mikroelektronik, dargestellt am Beispiel der Büromaschinen-Industrie**
Von Werner Neubauer. ISBN 3-540-10991-9.
1981, 145 Seiten mit 27 Abbildungen und 47 Tabellen. 43,– DM

53 **Modelle von Informationssystemen zur kurzfristigen Fertigungssteuerung und ihre Gestaltung nach betriebsspezifischen Gesichtspunkten**
Von Roland Gentner. ISBN 3-540-10992-7.
1981, 181 Seiten mit 69 Abbildungen und 7 Tabellen. 48,– DM

54 **Entwicklung von Verfahren zur Terminplanung und -steuerung bei flexiblen Montagesystemen**
Von Jürgen H. Kolle. ISBN 3-540-11227-8.
1981, 132 Seiten mit 64 Abbildungen und 1 Faltplan 43,– DM

55 **Arbeits- und Kapazitätsteilung in der Montage**
Von Stefan Dittmayer. ISBN 3-540-11228-6
.1981, 124 Seiten und 56 Abbildungen 43,– DM

56 **Beitrag zur systematischen Planung der Qualitätsprüfung bei Klein- und Mittelserienfertigung**
Von Herbert Babic. ISBN 3-540-11325-8
1982, 108 Seiten mit 38 Abbildungen und 7 Tabellen. 53.– DM

57 **Methode zur rechnerunterstützten Einsatzplanung von programmierbaren Handhabungsgeräten**
Von Uwe Schmidt-Streier. ISBN 3-540-11355-X.
1982, 188 Seiten mit 72 Abbildungen. 53.– DM

58 **Werkstoff- und Energiekennwerte industrieller Lackieranlagen, am Beispiel der Automobilindustrie**
Von Rainer Manfred Thiel. ISBN 3-540-11356-8.
1982, 116 Seiten mit 59 Abbildungen. 53.– DM

59 **Maßnahmen zum Verbessern der pneumatischen Lackzerstäubung – Teilchengrößenbestimmung im Spritzstrahl –**
Von Klaus Werner Thomer. ISBN 3-540-11507-2.
1982, 162 Seiten mit 94 Abbildungen und 1 Tabelle. 53.– DM

60 **Ermittlung und Bewertung von Rationalisierungsmaßnahmen im Produktionsbereich**
Von Jürgen Schilde. ISBN 3-540-11730-X.
1982, 158 Seiten mit 57 Abbildungen. 53.– DM

61 **Untersuchung von Verfahren der Reihenfolgeplanung und ihre Anwendung bei Fertigungszellen**
Von Mohamed Osman. ISBN 3-540-11747-4.
1982, 124 Seiten mit 32 Abbildungen und 3 Tabellen. 53.– DM

62 **Ein Simulationsmodell zur Planung gruppentechnologischer Fertigungszellen**
Von Volker Saak. ISBN 3-540-11747-4.
1982, 134 Seiten mit 53 Abbildungen. 53.– DM

63 **Verfahren zur technischen Investitionsplanung automatisierter Fertigungsanlagen**
Von Günter Vettin. ISBN 3-540-11747-4.
1982, 134 Seiten mit 63 Abbildungen. 53.– DM

64 **Pneumatische Sensoren zur prozeßsimultanen Messung des Werkzeugverschleißes und zur Kollisionsvermeidung beim Messerkopffräsen**
Von Wolfgang Jentner. ISBN 3-540-11747-4.
1982, 126 Seiten mit 47 Abbildungen und 6 Tabellen. 53.– DM

65 **Rechnerunterstützte Gestaltung ortsgebundener Montagearbeitsplätze, dargestellt am Beispiel kleinvolumiger Produkte**
Von Eberhard Haller. ISBN 3-540-12015-7.
1982, 130 Seiten mit 43 Abbildungen. 53.– DM

66 **Fernsehüberwachung von Schutzgasschweißvorgängen mit abschmelzender Elektrode MIG – MAG**
Von Ruprecht Niepold. ISBN 3-540-12181-7.
1983, 178 Seiten mit 73 Abbildungen und 5 Tabellen. 58.– DM

67 **Entwicklung flexibler Ordnungssysteme für die Automatisierung der Werkstückhandhabung in der Klein- und Mittelserienfertigung**
Von Karl Weiss. ISBN 3-540-12455-1.
1983, 116 Seiten mit 68 Abbildungen. 58.– DM

68 **Automatisierte Überwachungsverfahren für Fertigungseinrichtungen mit speicherprogrammierten Steuerungen**
Von Werner Eißler. ISBN 3-540-12456-X.
1983, 128 Seiten mit 66 Abbildungen. 58.– DM

69 **Prozeßüberwachung beim Galvanoformen**
Von Jürgen Wilhelm Böcker. ISBN 3-540-12457-8.
1983, 118 Seiten mit 32 Abbildungen. 58.– DM

70 **LAPEX – Ein rechnerunterstütztes Verfahren zur Betriebsmittelzuordnung**
Von Stephan Mayer. ISBN 3-540-12490-X.
1983, 162 Seiten mit 34 Abbildungen und 2 Tabellen. 58.– DM

71 **Gestaltung eines integrierten Produktionssystems für die Sortenfertigung unter Einsatz der Clusteranalyse**
Von Gerald Weber. ISBN 3-540-12650-3.
1983, 194 Seiten mit 54 Abbildungen. 58.– DM

72 **Gußputzen mit sensorgeführten, programmierbaren Handhabungsgeräten**
Von Eberhard Abele. ISBN 3-540-12651-1.
1983, 133 Seiten mit 66 Abbildungen. 58,– DM

73 **Untersuchungen zur Herstellung und zum Einsatz galvanogeformter Erodierelektroden**
Von Harald Müller. ISBN 3-540-12822-0.
1983, 148 Seiten mit 78 Abbildungen. 58,– DM

74 **Ein Beitrag zur Optimierung der Prozeßführungsstrategien automatisierter Förder- und Materialflußsysteme**
Von Hans Steffens. ISBN 3-540-12968-5.
1983. 161 Seiten mit 60 Abbildungen. 58,– DM

75 **Entwicklung eines Verfahrens zur wertmäßigen Bestimmung der Produktivität und Wirtschaftlichkeit von Personalentwicklungsmaßnahmen in Arbeitsstrukturen**
Von Christian Müller. ISBN 3-540-13041-1.
1983. 129 Seiten mit 34 Abbildungen. 58,– DM

76 **Berechnung der Gestaltänderung von Profilen infolge Strahlverschleiß**
Von Wolfgang Marx. ISBN 3-540-13054-3.
1983. 121 Seiten mit 58 Abbildungen. 58,– DM

77 **Algorithmen zur flexiblen Gestaltung der kurzfristigen Fertigungssteuerung**
Von Rudolf E. Scheiber. ISBN 3-540-13500-6.
1984, 150 Seiten mit 73 Abbildungen und 1 Tabelle. 63.– DM

78 **Galvanisieren mit moduliertem Strom**
Von Jürgen Wolfgang Mann. ISBN 3-540-13733-5.
1984, 145 Seiten und 58 Abbildungen. 63,– DM

79 **Fluoreszenzmeßverfahren zur Schmierfilmdickenmessung in Wälzlagern**
Von Wolfgang Schmutz. ISBN 3-540-13777-7.
1984, 141 Seiten und 66 Abbildungen. 63,– DM

IPA-IAO Forschung und Praxis

Berichte aus dem Fraunhofer-Institut für Produktionstechnik und Automatisierung (IPA), Stuttgart, Fraunhofer-Institut für Arbeitswirtschaft und Organisation (IAO), Stuttgart, und Institut für Industrielle Fertigung und Fabrikbetrieb der Universität Stuttgart

Herausgeber: Prof. Dr.-Ing. H. J. Warnecke und Prof. Dr.-Ing. H.-J. Bullinger

---

80 **Flexibilität und Kapazität von Werkstückspeichersystemen**
Von Bernhard Graf. ISBN 3-540-13970-2.
1984, 115 Seiten mit 71 Abbildungen. 63,– DM

T1 **Flexible Fertigungssysteme**
17. IPA-Arbeitstagung zusammen mit der 3. Internationalen Konferenz „Flexible Manufacturing Systems (FMS-3)", ISBN 3-540-13807-2.
1984, 249 Seiten mit zahlreichen Abbildungen. 118,– DM

T2 **Integrierte Bürosysteme**
3. IAO-Arbeitstagung. ISBN 3-540-13978-8.
1984, 633 Seiten mit zahlreichen Abbildungen. 168,– DM

81 **Rechnerunterstützte Planung von Montageablaufstrukturen für Erzeugnisse der Serienfertigung**
Von Ernst-Dieter Ammer. ISBN 3-540-15056-0.
1985, 120 Seiten mit 1 Faltblatt und 33 Abbildungen. 63,– DM

82 **Flexibilität von personalintensiven Montagesystemen bei Serienfertigung**
Von Heinrich Vähning. ISBN 3-540-15093-5.
1985, 152 Seiten mit 49 Abbildungen. 63,– DM

83 **Ordnen von Werkstücken mit programmierbaren Handhabungsgeräten und Werkstückerkennungssensoren**
Von Ingo Schmidt. ISBN 3-540-15375-6.
1985, 111 Seiten mit 66 Abbildungen. 63,– DM

84 **Systematische Investitionsplanung**
Von Jorge Moser. ISBN 3-540-15370-5.
1985, 190 Seiten mit 69 Abbildungen. 63,– DM

T3 **Montage · Handhabung · Industrieroboter**
Internationaler MHI-Kongreß im Rahmen der Hannover-Messe '85. ISBN 3-540-15500-7.
1985, 267 Seiten mit zahlreichen Abbildungen. 128,– DM

85 **Flexible Montagesysteme – Konzeption und Feinplanung durch Kombination von Elementen**
Von Peter Konold / Bernd Weller. ISBN 3-540-15606-2.
1985, 162 Seiten mit 71 Abbildungen und 9 Tabellen. 63,– DM

T4 **Menschen · Arbeit · Neue Technologien**
4. IAO-Arbeitstagung zusammen mit der 2. Internationalen Konferenz „Human Factors in Manufacturing". ISBN 3-540-15763-8.
1985, 442 Seiten mit zahlreichen Abbildungen. 168,– DM

86 **Leitstandunterstützte kurzfristige Fertigungssteuerung bei Einzel- und Kleinserienfertigung**
Von Lothar Aldinger. ISBN 3-540-15903-7.
1985, 151 Seiten mit 49 Abbildungen und 2 Tabellen. 63,– DM

87 **Bestimmen des Bürstenverhaltens anhand einer Einzelborste**
Von Klaus Przyklenk. ISBN 3-540-15956-8.
1985, 117 Seiten mit 74 Abbildungen. 63,– DM

88 **Montage großvolumiger Produkte mit Industrierobotern**
Von Jörg Walther. ISBN 3-540-16027-2.
1985, 125 Seiten mit 58 Abbildungen. 63,– DM

89 **Algorithmen und Verfahren zur Erstellung innerbetrieblicher Anordnungspläne**
Von Wilhelm Dangelmaier. ISBN 3-540-16144-9.
1986, 268 Seiten mit 79 Abbildungen. 68,– DM

90 **Bewertung der Instandhaltung von Fertigungssystemen in der technischen Investitionsplanung**
Von Hagen U. Uetz. ISBN 3-540-16166-X.
1986, 129 Seiten mit 38 Abbildungen. 68,– DM

91 **Entgraten durch Hochdruckwasserstrahlen**
Von Manfred Schlatter. ISBN 3-540-16172-4.
1986, 167 Seiten mit 89 Abbildungen und 18 Tabellen. 68,– DM

92 **Werkstückorientierte Verfahrensauswahl zum Gußputzen mit Industrierobotern**
Von Wolfgang Sturz. ISBN 3-540-16224-0.
1986, 156 Seiten mit 59 Abbildungen. 68,– DM

93 **Verfahren zur Verringerung von Modell-Mix-Verlusten in Fließmontagen**
Von Reinhard Koether. ISBN 3-540-16499-5.
1986, 175 Seiten mit 46 Abbildungen und 1 Tabelle. 68,– DM

94 **Entwicklung und Einsatz eines interaktiven Verfahrens zur Leistungsabstimmung von Montagesystemen**
Von Günter Schad. ISBN 3-540-16978-4.
1986, 120 Seiten mit 31 Abbildungen und 1 Tabelle. 68,– DM

95 **Qualifizierung an Industrierobotern**
Von Wolfgang Bachl. ISBN 3-540-17018-9.
1986, 218 Seiten mit 30 Abbildungen. 68,– DM

96 **Rechnersimulation des Beschichtungsprozesses beim Elektrotauchlackieren – Anwendung zum Berechnen des Umgriffs**
Von Otto Baumgärtner. ISBN 3-540-17102-9.
1986, 113 Seiten mit 42 Abbildungen. 68,– DM

97 **Ergonomische Gestaltung von Rotationsstellteilen für grob- und sensomotorische Tätigkeiten**
Von Werner F. Muntzinger. ISBN 3-540-17247-5.
1986, 135 Seiten mit 51 Abbildungen und 33 Tabellen. 68,– DM

98 **Die optische Rauheitsmessung in der Qualitätstechnik**
Von R.-J. Ahlers. ISBN 3-540-17242-4.
1986, 133 Seiten mit 56 Abbildungen und 2 Tabellen. 68,– DM

99 **Maschinelle Spracherkennung zur Verbesserung der Mensch-Maschine-Schnittstelle**
Von Gerhard Rigoll. ISBN 3-540-17350-1.
1986, 134 Seiten mit 55 Abbildungen. 68,– DM

100 **Konzeption und Auswahl modularer Magazinpaletten**
Von Thomas Zipse. ISBN 3-540-17584-9.
1987, 126 Seiten mit 54 Abbildungen. 68,– DM

101 **Anschlüsse an Kupferrohre – Herstellung und Automatisierungsmöglichkeit**
Von Eberhard Rauschnabel. ISBN 3-540-17807-4.
1987, 120 Seiten mit 88 Abbildungen. 68,– DM

102 **Mengen- und ablauforientierte Kapazitätsplanung von Montagesystemen**
Von Hans Sauer. ISBN 3-540-17815-5.
1987, 156 Seiten mit 64 Abbildungen. 68,– DM

103 **Verfahrensinstrumentarium zur Werkstückauswahl und Auslegung von Industrieroboterschweißsystemen**
Von Herbert Gzik. ISBN 3-540-17928-3.
1987, 138 Seiten mit 56 Abbildungen. 68,– DM

104 **Integration von Förder- und Handhabungseinrichtungen**
Von Joachim Schuler. ISBN 3-540-17955-0.
1987, 153 Seiten mit 61 Abbildungen. 68,– DM

105 **Produktionsmengen- und -terminplanung bei mehrstufiger Linienfertigung**
Von H. Kühnle. ISBN 3-540-18038-9.
1987, 124 Seiten mit 25 Abbildungen. 68,– DM

106 **Untersuchung des Plasmaschneidens zum Gußputzen mit Industrierobotern**
Von Jong-Oh Park. ISBN 3-540-18037-0.
1987, 142 Seiten mit 70 Abbildungen. 68,– DM

107 **Fügen von biegeschlaffen Steckkontakten mit Industrierobotern**
Von Daegab Gweon. ISBN 3-540-18134-2.
1987, 115 Seiten mit 13 Abbildungen. 68,– DM

108 **Entwicklung eines biomechanischen Modells des Hand-Arm-Systems**
Von Georgios Tsotsis. ISBN 3-540-18135-0.
1987, 163 Seiten mit 45 Abbildungen. 68,– DM

109 **Ein Beitrag zur Planungssystematik für die automatisierte flexible Blechteilefertigung**
Von Thomas Weber. ISBN 3-540-18136-9.
1987, 149 Seiten mit 56 Abbildungen. 68,– DM

110 **Entwicklung eines Meßverfahrens zur Bestimmung des Positionier- und Orientierungsverhaltens von Industrierobotern**
Von Günter Schiele. ISBN 3-540-18137-7.
1987, 116 Seiten mit 48 Abbildungen. 68,– DM

111 **Schwingungsbelastung beim Arbeiten mit handgeführten, einachsigen Motormähgeräten**
Von Peter Kern. ISBN 3-540-18193-8.
1987, 145 Seiten mit 43 Abbildungen und 5 Tabellen. 68,– DM

112 **Entwicklung eines berührungslosen Tastsystems für den Einsatz an Koordinatenmeßgeräten**
Von Hie-Sik Kim. ISBN 3-540-18578-X.
1987, 111 Seiten mit 62 Abbildungen und 4 Tabellen. 68,– DM

113 **Qualifizierung an Industrierobotern – Ziele, Inhalte und Methoden**
Von Volker Korndörfer. ISBN 3-540-18618-2.
1987, 318 Seiten mit 100 Abbildungen. 68,– DM

114 **Funktional und räumlich variables und modulares Laborgerätesystem**
Von Alfred Mack. ISBN 3-540-18786-3.
1988, 116 Seiten mit 39 Abbildungen. 73,– DM

115 **Produktrecycling im Maschinenbau**
Von Rolf Steinhilper. ISBN 3-540-18849-5.
1988, 167 Seiten mit 50 Abbildungen. 73,– DM

116 **Integration der montagegerechten Produktgestaltung in den Konstruktionsprozeß**
Von Rudolf Bäßler. ISBN 3-540-19058-9.
1988, 133 Seiten mit 49 Abbildungen. 73,– DM

117 **Ein Algorithmus zur kapazitätsorientierten Bildung von Losen**
Von Tilmann Greiner. ISBN 3-540-19300-6.
1988, 135 Seiten mit 37 Abbildungen. 73,– DM

118 **Kabelbaummontage mit Industrierobotern**
Von Gerd Schlaich. ISBN 3-540-19301-4.
1988, 131 Seiten mit 62 Abbildungen. 73,– DM

119 **Beitrag zur Verbesserung der Fertigungskostentransparenz bei Großserienfertigung mit Produktvielfalt**
Von Albrecht Köhler. ISBN 3-540-19393-6.
1988, 148 Seiten mit 72 Abbildungen. 73,– DM

120 **Entwicklungs- und Planungshilfen zum Aufbau von flexiblen Ordnungssystemen**
Von Rainer Schanz. ISBN 3-540-19394-4.
1988, 104 Seiten mit 48 Abbildungen. 73,– DM

121 **Bestücken von Leiterplatten mit Industrierobotern**
Von Ernst Wolf. ISBN 3-540-50013-8.
1988, 132 Seiten mit 63 Abbildungen. 73,– DM

122 **Verschleißvorgänge beim Querschneiden dünner Bahnen**
Von Thomas Hülsmann. ISBN 3-540-50049-9.
1988, 126 Seiten mit 47 Abbildungen und 5 Tabellen. 73,– DM

123 **Geometrieprüfung in der Fertigungsmeßtechnik mit bildverarbeitenden Systemen**
Von Claus P. Keferstein. ISBN 3-540-50050-2.
1988, 128 Seiten mit 53 Abbildungen. 73,– DM

124 **Modulares Simulationsmodell für die Abläufe in verketteten Fertigungszellen mit Industrierobotern**
Von Kum-Hoan Kuk. ISBN 3-540-50069-3.
1988, 130 Seiten mit 57 Abbildungen. 73,– DM

125 **Montage von Schläuchen mit Industrierobotern**
Von Bruno Frankenhauser. ISBN 3-540-50072-3.
1988, 139 Seiten mit 63 Abbildungen. 73,– DM

126 **Kommissioniersystem mit Roboter und Mehrstückgreifer**
Von Klaus Baumeister. ISBN 3-540-50133-9.
1988, 104 Seiten mit 53 Abbildungen. 73,– DM

127 **Sensorunterstütztes Programmierverfahren für das Entgraten mit Industrierobotern**
Von Dieter Boley. ISBN 3-540-50175-4.
1988, 128 Seiten mit 67 Abbildungen. 73,– DM

128 **Die Arbeitsraumgestaltung manueller Montagearbeitsplätze mit graphischen und wissensbasierten Methoden**
Von Klaus Lay. ISBN 3-540-50259-9.
1988, 129 Seiten mit 50 Abbildungen und 7 Tabellen. 73,– DM

Die Bände sind im Erscheinungsjahr und in den folgenden drei Kalenderjahren zu beziehen durch den örtlichen Buchhandel oder durch Lange & Springer, Otto-Suhr-Allee 26-28, 1000 Berlin 10.